LIGUE FRANÇAISE DE L'ENSEIGNEMENT

CERCLE PARISIEN
RECONNU D'UTILITÉ PUBLIQUE

Pour la propagande de l'Instruction dans les Départements

Médaille de Bronze, Vienne 1873.— Médaille d'Argent, Paris 1878.— Diplômes d'honneur
Melun 1880 et Amsterdam 1883

175, RUE SAINT-HONORÉ, PARIS

CATALOGUE

A CONSULTER

POUR L'ORGANISATION ET LA DIRECTION
D'UNE

BIBLIOTHÈQUE POPULAIRE

DESTINÉE A DES LECTEURS ADULTES

Précédé d'une notice explicative sur le catalogue, et de renseignements sur l'organisation d'une bibliothèque.

Au moyen de signes conventionnels, le catalogue indique les livres conseillés pour une bibliothèque qui se fonde, puis des livres qui se recommandent à des titres divers pour compléter au fur et à mesure le fonds de début, enfin des travaux et des études à l'usage de la clientèle lettrée et studieuse des bibliothèques populaires.

Les prix indiqués sont des prix nets.

Voir à la fin une note sur l'objet et le mode de fonctionnement du Sou des écoles laïques.

Extrait du Bulletin n° 20 *de la* Ligue française de l'enseignement

PARIS

IMPRIMERIE ET LIBRAIRIE CENTRALES DES CHEMINS DE FER

IMPRIMERIE CHAIX

SOCIÉTÉ ANONYME AU CAPITAL DE SIX MILLIONS

Rue Bergère, 20

1er Janvier 1884

aux bibliothèques populaires, et tout spécialement les bibliothèques populaires elles-mêmes, à s'abonner au *Bulletin de la Ligue française de l'Enseignement* (6 fr. par an), et à prendre les volumes qui ont déjà paru.

L'année 1881, 1er volume, nos 1 à 6 du Bulletin, forme un vol. in-8 de 624 pages.

L'année 1882, 2e vol. nos 7 à 14, forme un volume in-8 de 576 pages.

L'année 1883, 3e vol., en cours de publication, compte déjà 708 pages et en contiendra près de 800.

Chaque volume broché, avec couverture imprimée, 6 francs.

Par arrangement avec la fédération de la Ligue qui publie le Bulletin, cette publication est servie gratuitement aux adhérents du Cercle parisien qui versent une cotisation annuelle de 10 francs. De ce chef, le Cercle parisien est souscripteur de 1,100 abonnements ; il devrait en avoir dix mille à son compte.

Pour les Sociétés, le prix d'abonnement de 6 francs par an donne droit à faire partie de la fédération de la Ligue.

EXTRAITS DES STATUTS DU CERCLE PARISIEN

Art. 2. Le Cercle parisien a pour objet la propagation de l'instruction primaire, surtout dans les communes rurales, notamment en provoquant la fondation d'écoles, de cours gratuits, de conférences et en favorisant la création de bibliothèques populaires.

Art. 3. Le Cercle parisien ne s'immisce en aucune façon dans l'administration des bibliothèques dont il provoque la fondation.

Art 5. Font partie de la société toutes les personnes admises par le Comité qui adhèrent à ses statuts et qui versent annuellement une cotisation dont le montant sera déterminé par le règlement intérieur, sans toutefois être inférieur à cinq francs.

Tout souscripteur qui fait un versement d'au moins 200 francs devient membre perpétuel.

NOTICE EXPLICATIVE SUR LE CATALOGUE

ACCOMPAGNÉE DE RENSEIGNEMENTS

SUR L'ORGANISATION MATÉRIELLE D'UNE BIBLIOTHÈQUE

Le catalogue pour bibliothèques populaires d'adultes que nous avons donné, il y a deux ans, à reproduire dans le *Bulletin de la Ligue* aurait pu, à l'aide des suppléments qui servent à le tenir au courant, durer encore au moins une année. Mais le n° 2 du *Bulletin*, dans lequel ce catalogue a été inséré, bien qu'il eût été tiré à 6000 exemplaires, est aujourd'hui entièrement épuisé, et nous n'en avions pas fait faire de clichés. On s'est trouvé ainsi dans l'obligation de refaire d'urgence un catalogue, alors que l'on comptait pouvoir reporter à l'an prochain, au moins, la publication de ce travail.

Nous avons rendu compte, en tête du catalogue précédent, des raisons, d'ordre tout à la fois intérieur et extérieur, qui nous déterminaient, il y a deux ans, à substituer au système que nous avions d'abord adopté, d'un catalogue restreint de 300 à 400 ouvrages, dressé uniquement pour les bibliothèques populaires qui commencent, le système, sinon opposé, au moins partant d'un point de vue bien différent, d'un catalogue très large, aussi étendu que possible, et en réalité destiné à renseigner toutes les bibliothèques populaires, les anciennes comme les nouvelles, celles des villes et même des grandes villes comme celles des villages, sur les choix qu'elles pourraient faire.

Les raisons que l'on avait de faire cette transformation n'ont pas perdu de leur force, au contraire. L'expérience n'a fait que confirmer les auteurs de ce catalogue, à vastes proportions, que l'on intitula *Catalogue à consulter pour l'organisation et la direction d'une bibliothèque populaire d'adultes*, qu'ils étaient entrés dans la bonne voie. C'est un résultat maintenant acquis que l'innovation était bonne.

Aussi le catalogue actuel n'est-il pas autre chose au fond que la continuation, avec des développements nouveaux, du catalogue qui paraissait, il y a deux ans, dans le *Bulletin*. Nous en donnons, suivant une formule de librairie, que c'est le cas ou jamais d'appliquer ici, une nouvelle édition, revue, modifiée et considérablement augmentée.

En même temps, on ne pouvait pas oublier cependant qu'il sera toujours préférable pour les fondateurs de bibliothèques populaires d'avoir sous les yeux une liste courte qui ne leur donne pas l'embarras de chercher leurs 50, leurs 100, leurs 200 premiers volumes, dans 120 pages de titres de livres, comme c'est le cas maintenant de notre catalogue. Le Cercle parisien n'avait jamais abandonné son projet de fournir cette liste. Nous pouvons annoncer que les circonstances s'y étant prêtées, le Cercle parisien se prépare à reprendre cette idée en l'améliorant, et qu'il publiera prochainement, sous le titre de *Catalogue de chefs-d'œuvre de la littérature populaire*, une liste d'une centaine de volumes de premier choix, qui seront reliés d'avance et expédiés le jour même de la réception de la demande. Dans l'espace de huit à douze jours, une fois la création de la bibliothèque populaire décidée, le comité organisateur pourra avoir arrêté son choix, avoir fait parvenir sa commande au Cercle parisien, recevoir ses livres par petite vitesse, en dresser le catalogue et ouvrir la bibliothèque. Catalogue et livres, on compte que tout sera prêt pour le 15 novembre (1).

---

(1) L'agrandissement de notre local au moyen d'une sous-location d'entresol (*Bulletin de la Ligue*, 3ᵉ vol., page 500), est arrivé à point pour permettre la création, dans d'excellentes conditions, de ce catalogue de chefs-d'œuvre de la littérature populaire.

Au point de vue des ressources, des legs dont nous aurons à reparler, nous permettent d'avoir en magasin, d'une manière permanente, 3 à 4,000 francs de livres reliés.

Nous réalisons ainsi un de nos premiers desiderata en matière d'amélioration de notre service de commission en librairie.

Ceci dit, et sans avoir besoin, croyons-nous, maintenant, de nous défendre du reproche, qui serait mérité sans cela, d'un excès d'ampleur de notre liste de livres, nous passons, sans autre préambule, à quelques explications indispensables pour l'intelligence du présent catalogue. On trouvera ensuite quelques renseignements sur la manière d'organiser, à peu de frais, le service matériel d'une bibliothèque populaire.

§ 1. — Le signe ☞ et nos n⁰ˢ d'ordre.

Les 3.000 ouvrages, ou peu s'en faut, les 4.000 volumes, dont se compose le catalogue actuel, n'offrent pas tous, on s'en doute bien, et il s'en faut en effet de beaucoup, le même degré d'intérêt pour des bibliothèques populaires. Nous avons jugé indispensable, pour faciliter sa consultation, d'y faire un triage.

1° Nous signalons, au moyen d'une main ☞, un premier groupe d'ouvrages, qui répond aux premiers besoins d'une bibliothèque populaire, et où nous puiserons nous-mêmes, pour étendre, au fur et à mesure des ressources, notre catalogue de chefs-d'œuvre. Il n'y a pas, à proprement parler, que des chefs-d'œuvre dans cette liste. Les vrais chefs-d'œuvre sont rares. Sans nous relâcher d'une certaine exigence sous le rapport de la valeur morale et littéraire, nous avons eu parfois à tenir compte, tantôt du vif attrait que présentent certains ouvrages, tantôt de leur utilité. C'est dans les limites de 3 à 400 volumes, et dans tous les genres, la liste de ce que nous avons trouvé de meilleur à recommander pour une bibliothèque populaire qui en est à ses débuts. De nature à ne choquer aucune susceptibilité légitime, ayant pour la plupart leur réputation déjà faite auprès du public, à la portée de tous les âges, après l'adolescence, ces livres sont appelés à former pour toutes les bibliothèques populaires d'adultes un fonds commun de lectures variées, attrayantes, instructives, que leur clientèle lira et voudra relire.

Nous nous servons ensuite de n⁰ˢ d'ordre pour indiquer :

2° Les numéros de 1 à 1.000, des ouvrages que nous considérons comme d'une nécessité moins pressante, et qui aideront à augmenter le fonds de début aussi bien dans les villages que dans les villes ;

3° Les numéros de 1.001 à 3.000, des ouvrages qui se recommandent, de préférence, au choix des bibliothèques de villes, soit en vue de besoins d'étude qui se rencontrent plus rarement ailleurs, soit parce que la clientèle étant plus étendue, il faut un choix plus varié dans les séries particulièrement recherchées par les lecteurs ;

4° Les numéros 3.001 à 4.000, des études de philosophie, d'économie politique, d'histoire, des œuvres littéraires, des ouvrages scientifiques ou techniques, etc., qui ne sont pas à l'usage du public ordinaire des bibliothèques populaires, et qui ne s'adressent qu'à des esprits à la fois cultivés et studieux. Nous avons songé notamment, en faisant cette catégorie, aux personnes en quête de se tenir au courant du mouvement des idées et des recherches modernes. Il y en a, quoique ce soit le petit nombre, dans la clientèle des bibliothèques populaires ;

5° Les numéros 4.001 à 5.000, des livres qu'il n'y a pas d'inconvénient, pour renforcer des séries, à placer sur les rayons d'une bibliothèque populaire.

Les numéros 5.001 à 6.000 nous serviront comme par le passé pour le catalogue du matériel d'enseignement populaire, qui, publié aussi autrefois dans le n° 2 du *Bulletin*, est également à refaire.

§ 2. — **Prix du catalogue.**

En regard de chaque ouvrage, le catalogue indique le prix que nous le payons et faisons payer aux bibliothèques populaires qui nous le demanderont. Autrement dit, ce sont des prix nets ne donnant lieu à aucune nouvelle réduction. Ils résultent des réductions obtenues des éditeurs, et sont inférieurs de 30 0/0 en moyenne aux prix commerciaux.

§ 3. — **Autres signes et abréviations.**

L'astérisque *, placé à côté du prix, indique un ouvrage ur lequel il n'y aura pas à faire de dépense de reliure.

L'éditeur le vend cartonné ou relié, ou bien encore, parfois, c'est une brochure qu'il n'y a pas besoin de faire relier ; mais ce dernier cas est assez rare. Les bibliothécaires des bibliothèques populaires ont de bonnes raisons pour ne pas aimer le mélange de plaquettes parmi les livres de prêt, et nous les évitons nous-mêmes à cause des inconvénients qu'elles entraînent pour eux.

Le double astérisque **, à la même place, sert à désigner des ouvrages qu'il sera prudent, pour que la reliure tienne, de faire coudre sur nerfs moyennant un supplément de prix de 20 centimes. Ce sont, les uns des volumes épais, les autres, des livres imprimés sur papier trop fort.

Par nécessité de se borner aux renseignements strictement nécessaires, une seule édition est indiquée pour chaque ouvrage, en général l'édition in-12. Les éditions illustrées ont trop souvent le tort, pour nous, de coûter cher, lorsqu'elles sont faites avec soin, en vue des étrennes ordinairement, ou, au cas contraire, d'être publiées dans des conditions d'économie, et même de bon marché à tout prix, qui en rendent la lecture peu agréable. Des bibliothèques populaires, que ces inconvénients n'arrêtent pas, tiennent néanmoins à se procurer, le plus possible, des éditions illustrées des ouvrages qu'elles choisissent. Nous employons le signe ⚹ pour leur signaler les ouvrages dont il existe une édition de ce genre, que, pour notre compte, nous ne considérons pas comme assez avantageuse pour lui donner la préférence.

Fig., pl., vign., sont mis en abrégé pour figures, planches, vignettes ; éd. pour édition, trad. pour traduction.

§ 4. — Formats.

Des administrateurs prudents de bibliothèques populaires, au fur et à mesure qu'ils arrêtent un choix de livres, auront soin de prendre note du format, et, lors même que l'on attendrait l'usure des livres pour les faire relier, de faire entrer tout de suite en ligne de compte la dépense de leur reliure. Les livres brochés durent parfois si peu, surtout à passer de main en main. Il est sage de

garder en **caisse** de quoi les faire relier, dès que la nécessité s'en fera sentir.

Les bibliographes ont fait de la connaissance des formats une affaire d'état. L'un d'eux écrit sans rire :

> Un bibliographe doit s'attacher à la connaissance exacte des for-
> mats, laquelle n'est pas aussi aisée qu'on l'imagine; car on a vu des
> hommes instruits commettre des erreurs en ce genre, qui ont fait
> naître des discussions assez sérieuses sur l'existence de l'édition d'un
> ouvrage, dont le format avait été mal indiqué.

Pour l'acheteur qui n'y cherche pas malice, le format
est avant tout un renseignement sur le coût de la reliure.

Aussi avons-nous jugé indispensable, pour mettre de
l'ordre dans cette partie de notre catalogue, de ne tenir
compte, ni des désignations de formats, devenues par trop
arbitraires, de MM. les éditeurs, ni de la plupart des dénominations composées qui ont été inventées dans ces derniers temps. Les dénominations fondamentales, celles qu'on
avait créées autrefois en se fondant sur le fait du pliage
des feuilles en 2, en 4, en 8, en 12, en 16, avaient l'avantage de correspondre, à peu de différences près, chacune,
à des grandeurs déterminées. Elles forment un vocabulaire qui suffit pour se faire comprendre et n'est pas
compliqué; on est bien vite au bout des expressions dont
il se compose : in-folio, in-quarto, in-octavo, in-douze,
in-seize. Nous les avons gardées, en les faisant concorder
rigoureusement, dans l'emploi que nous en faisons pour
chaque ouvrage, avec le tarif appliqué par nos relieurs
pour cet ouvrage. Donc, en ce qui concerne notre catalogue, aucune chance d'erreurs.

En revanche, les bibliothèques populaires qui choisissent des livres sur le vu d'annonces de librairie feront
bien de ne pas s'en rapporter aveuglément aux indications
de formats qui accompagnent ces annonces. Nous sommes obligés de leur dire qu'en calculant leurs dépenses
de reliure sur la foi des catalogues d'éditeurs, elles s'ex-
poseraient à des mécomptes qui peuvent aller de 10 à
15 francs par cent volumes.

Nous avons eu ainsi plus d'un incident avec des bibliothèques populaires, notamment à l'occasion de choix
faits sur le catalogue du ministère de l'instruction pu-

blique, lequel a accepté jusqu'ici les désignations de formats des éditeurs.

L'inexactitude de ces désignations est chose sans importance pour le ministère. Son adjudicataire doit fournir les livres tout reliés aux prix forts du catalogue. Partant, pour la clientèle de ce catalogue qui fait faire la fourniture par l'adjudicataire, point de préoccupation des frais de reliures, point de souci du format.

Il n'en est pas de même pour nous, qui comptons le prix net des livres, et, à part, la reliure, quand on nous la demande. Les faux formats nous valent des contestations désagréables et que nous avons à cœur de prévenir.

Nous signalons comme particulièrement trompeuse l'expression : in-18.

Les personnes, encore inexpérimentées dans ces matières, qui remarquent que la phraséologie chiffrée qui sert à nommer les formats désigne des dimensions de livres qui vont en décroissant de l'in-folio à l'in-4, de l'in-4 à l'in-8, de l'in-8 à l'in-12, s'attendent, par voie de conséquence, à trouver dans l'in-18 un format inférieur à l'in-16 et coûtant moins cher de reliure. Nous en avons vu se fâcher, réclamer des réductions de factures, parce que leurs calculs, qu'elles croyaient justes, se trouvaient dérangés par l'application de notre tarif. Eh bien ! il faut savoir que l'in-18, pour représenter, sous d'autres rapports, un des grands progrès effectués de notre temps dans la fabrication des livres, n'en constitue pas moins, en même temps, en tant que dénomination de format, une création bâtarde, une expression regrettable, ne se raccordant pas à l'échelle des autres formats, et faite pour troubler les non-initiés. L'in-18, en réalité, suivant la sous-qualification qu'il prend, qui en précise la valeur et qu'on ne devrait jamais omettre de lui donner, d'in-18 jésus, de grand in-18, de petit in-18, paye tantôt comme in-16, tantôt comme in-12. Malheureusement il ne nous suffirait même pas de prévenir que l'on prenne garde à quelle variété d'in-18 on a affaire. Dans la langue courante de la librairie, on est arrivé à supprimer le plus souvent cette sous-qualification, et à dire tout bonnement in-18; de telle sorte que cette expression correspond à deux formats distincts, et qu'elle est devenue inintelligible. Nous l'avons, pour notre compte, absolument éliminée de notre tarif.

Il y a d'autres sources d'erreurs : l'in-8 qualifié in-16 jésus ; l'in-12 annoncé comme in-16 ; l'in-4 appelé grand in-8, etc.

Toutes les fois que nous n'indiquons pas le format d'un livre, il s'agit du format in-12.

§ 5. — **Reliures**.

Le Cercle parisien se charge de la reliure des livres, neufs ou vieux. Il ne fait relier les livres neufs, qu'on le charge d'acheter, que pour les bibliothèques qui le lui demandent.

La reliure pleine(1) en toile noire sera presque toujours préférable pour les bibliothèques populaires. Le parchemin plein, s'il n'était pas trop cher, à son défaut, la toile pleine, offrent une matière résistante, qui consolide les plats et les coins et permet aux livres de supporter la fatigue de nombreuses lectures.

Nous employions autrefois la toile bisonne ou grise, mais on s'est plaint que cette couleur était salissante. En outre, l'étiquette portant le titre du livre n'adhérait pas toujours exactement et, une fois entamée, s'enlevait brin à brin, jusqu'à disparaître complètement. Avec la toile noire, les taches ne seront pas apparentes ; enfin, et c'est là l'essentiel, à en juger par les plaintes reçues au sujet des étiquettes des reliures en toile bisonne, le titre, doré sur la toile, en est inséparable. Nous ne faisons plus faire de reliure en toile bisonne que pour les bibliothèques populaires qui le demanderaient expressément.

----

(1) L'expression *reliure pleine*, employée dans quelques-uns de nos imprimés, nous a attiré des demandes d'explications que nous aurions dû prévoir. On veut dire par là, en reliure, que la matière employée pour le dos recouvre aussi les plats. Toile pleine signifie donc que l'extérieur du livre, dos et plats, est tout entier protégé par une toile. Dans la *demi-reliure*, les plats sont couverts en papier.

On peut, dans certains cas, se servir utilement de la
demi-reliure en toile chagrinée, par exemple, pour les
ouvrages savants, dans les sciences, l'agriculture, l'industrie, l'économie sociale, la philosophie, pour les livres
d'amusement qui seraient d'un médiocre intérêt, ou encore
pour les livres de peu d'étendue qui sont plutôt faits
pour être consultés sur place que pour être lus. Ces reliures sont à un tarif plus bas que les toiles pleines,
mais c'est moins encore pour l'économie, quoique la
chose vaille que l'on y fasse attention, qu'il faudrait dans
ce cas en généraliser le système, que pour avertir les
lecteurs inexpérimentés, au moyen de cette reliure spéciale, qu'il s'agit d'un livre qui n'est pas fait pour tout
le monde. On se sert aussi, dans les mêmes circonstances,
dans quelques bibliothèques qui ne regardent pas à la
dépense, de la demi-reliure en basane ou en chagrin.
De ces deux sortes de cuirs, la basane, que l'on tire des
peaux de mouton, est celle qui, étant neuve, jette le
plus d'éclat par les couleurs brillantes dont on la revêt,
mais elle a l'inconvénient de se peler, ce qui la rend
d'un mauvais usage pour les bibliothèques populaires. Le
chagrin, cuir grenu, que l'on prépare ordinairement avec
des peaux d'âne ou de mulet, rend de meilleurs services.

Voici, à titre de renseignements pour les bibliothèques
populaires qui nous demandent leurs livres reliés, à
titre de comparaison pour celles qui font relier sur
place, l'aperçu des prix que nous payons à nos relieurs:

Formats.	Toile noire pleine (1)	Demi-toile chagrinée.	Demi-basane.	Demi-chagrin.
In-16.	» 55.	» 45.	» 70.	» 90.
In-12.	» 65.	» 55.	» 75.	1 10.
In-8.	» 90.	» 75.	1 ».	1 50.
Gr. in-8.	1 05.	» 90.	1 25.	1 75.
In-4.	1 50.	1 10.	1 75.	2 25.
Gr. in-4.	1 80.	1 40.	2 »,	3 25.

Nous employons l'expression in-32 pour indiquer de
petits livres, auxquels il n'est pas utile de faire donner

(1) Même tarif pour la toile bisonne pleine.

la façon d'une reliure et que nous faisons cartonner moyennant 10 centimes.

Par exception aux conditions ordinaires du tarif, nous avons obtenu que les volumes in-4 des œuvres d'Erckmann-Chatrian, reliés par romans détachés, ne coûteraient à raison de leur peu d'épaisseur, que 1 fr. 25 par volume. Nous devons dire que pour ne pas rendre onéreuse à nos relieurs la concession de ce prix de 1 fr. 25, nous avons pris l'habitude de leur faire relier d'avance par nombre la plupart des romans d'Erckmann-Chatrian.

Par contre, les dictionnaires coûtent un quart ou un cinquième de plus que le comporterait le tarif, si l'on ne prenait garde qu'à leur format. Ceci est une exception, en sens inverse de notre arrangement pour les Erckmann-Chatrian, au principe qu'en reliure, on ne tient pas compte du plus ou moins d'épaisseur des volumes, mais seulement de leur format.

Lorsqu'il faut faire coudre sur nerfs, il y a ajouter de ce chef une dépense supplémentaire de 20 cent. par volume. L'idéal serait d'arriver à faire coudre sur nerfs tous les livres des bibliothèques populaires qui dépassent environ 200 pages. La question de la dépense en plus à part, il y a un autre obstacle à ce qu'on fasse coudre sur nerfs autant qu'on le voudrait. Les couturières en reliure, qui consentent à coudre sur nerfs, même moyennant le supplément de 20 cent. par volume, ne se recrutent pas facilement. Cela nous oblige, en fait de couture sur nerfs, à nous restreindre au strict nécessaire.

§ 6. — Étiquettes : Recommandé au lecteur.

Le Cercle parisien fait coller, à ses frais, à l'intérieur de tous les volumes qu'il fournit reliés ou qu'on lui envoie à relier, une note imprimée destinée à signaler aux lecteurs quelques précautions, faciles à observer, moyennant lesquelles les livres se conserveront en bon état.

Pour les bibliothèques populaires qui, faisant relier sur place, nous demanderont ces étiquettes, le prix est de 30 cent. le cent d'étiquettes prises aux bureaux; 40 cent. par la poste.

Modèle de l'étiquette : Recommandé au lecteur.

BIBLIOTHÈQUE   *N°*   *Série*
POPULAIRE

RECOMMANDÉ AU LECTEUR

On lit toujours avec peu de plaisir un volume sali, décousu, à feuillets froissés ou déchirés. Mais comme les livres dont on a soin demeurent après de très nombreuses lectures, entiers, nets et comme neufs, il dépend des lecteurs de les maintenir en bon état de conservation. Les précautions suivantes leur sont, à cet effet, recommandées :

Tenir les livres, lorsqu'on les lira, revêtus d'une couverture en papier, par exemple d'un morceau de journal.

Lire en ayant, autant que possible, le livre placé devant soi sur une table débarrassée de tout ce qui pourrait le salir.

A défaut de table, tenir le livre ouvert dans la main, en évitant de laisser traîner sur les pages un doigt qui ne manquerait pas d'y marquer sa trace, en évitant aussi de le replier sur lui-même, les plats renversés l'un sur l'autre, ce qui le briserait ou ferait sortir les feuillets.

Ne point marquer d'un pli ou, comme on dit, d'une corne, la page à laquelle on s'arrête : une marque est inutile au lecteur attentif. Celui qui croira devoir en faire usage placera dans le volume une petite bande de carte ou de papier que l'on pourra au besoin demander au bibliothécaire.

Ne jamais tourner les feuillets en les froissant avec un doigt mouillé.

Prendre garde qu'il ne soit fait ni écritures ni taches, soit sur la couverture, soit à l'intérieur du livre.

Renfermer le volume dans un meuble après chaque lecture.

Ces soins sont prescrits dans l'intérêt de la bibliothèque et de tous les lecteurs. On ne doute pas que chacun d'eux n'ait à cœur de les observer.

Paris. — Ligue de l'Enseignement, 175, rue Saint-Honoré.

§ 7. — **Cartes de lecture**.

Nos étiquettes: *Recommandé au lecteur* portent un paragraphe ainsi conçu :

Ne point marquer d'un pli ou, comme on dit, d'une corne, la page à laquelle on s'arrête: une marque est inutile au lecteur attentif. Celui qui croira devoir en faire usage placera dans le volume une petite bande de carte ou de papier que l'on pourra au besoin demander au bibliothécaire.

Nous pensions bien, en écrivant cela, que nous serions entraînés à faire quelque fabrication nouvelle. Le succès de nos *Recommandé au lecteur* nous y encourageant, nous venons aujourd'hui remplir cette sorte de promesse, et offrir aux bibliothèques populaires, au prix le plus modique, la bande de carte que les lecteurs sont priés de demander au bibliothécaire, quand ils craindront de ne pouvoir pas se retenir de marquer l'endroit où ils interrompent leur lecture.

En même temps on a pensé qu'il était possible de donner à cette bande de carte une autre utilité que celle d'un simple signet, et d'en généraliser l'usage en y inscrivant quelques indications utiles au bon fonctionnement de la bibliothèque. Nous nous en servons pour rappeler au lecteur ses devoirs, en ce qui concerne la restitution régulière et en temps voulu des livres prêtés, enfin nous y avons ménagé pour le bibliothécaire une place pour mentionner, avec le numéro du livre prêté, la date du prêt.

Nous donnons au reste, à l'aide de nos clichés, pour que l'on se rende mieux compte de l'usage à faire de cette invention, le modèle recto et verso de nos cartes de lecture :

BIBLIOTHÈQUE
POPULAIRE
Prêts de livres au dehors
LECTURE EN FAMILLE

La présente carte qui contient le nom du lecteur, le n° d'ordre du volume prêté, avec la date de l'emprunt, servira de signet au lecteur pour marquer l'endroit du livre où sa lecture a été interrompue. Elle lui rappellera la date du prêt, et par suite le mettra en demeure de se conformer à l'article du règlement qui fixe le nombre de jours pendant lesquels il peut conserver le livre.

Le lecteur est prié de lire la note imprimée qui est au commencement du volume, et d'observer ses indications.

Représenter cette carte chaque fois que l'on rapporte un volume. Le Bibliothécaire pourra inscrire la rentrée sans recherches, sans perte de temps; le service des prêts en sera simplifié et activé, pour le profit de tous.

Ligue de l'Enseignement, **Paris.** 175, rue Saint-Honoré.

M. __________

inscrit sous le N°__________

A REÇU LES OUVRAGES CI-APRÈS:

A LA DATE DU :	VOL. PORTANT LE N°

Lorsque le livre revient, le bibliothécaire, trouvant sur la carte, soit la date du prêt, si l'on se sert d'un journal pour l'inscription des livres prêtés, soit le folio du lecteur, si l'on a un compte de prêts ouvert à chaque lecteur (voir ci-après, pages 17 et 18), n'a pas à tâtonner pour retrouver la page de son registre où il enregistrera la rentrée du livre.

Ces cartes de lecture, qui peuvent remplacer les livrets en usage dans quelques bibliothèques, ou encore tenir lieu des cartes de sociétaires sur la présentation desquelles on est admis aux réunions de la société, coûtent 30 centimes le cent prises aux bureaux, 40 centimes envoyées par la poste.

Il y en a de deux couleurs, bleues et roses : une couleur pour les enfants autorisés par leurs parents à emprunter des livres pour leur propre compte; l'autre pour les personnes adultes, qui ne sont pas ainsi obligées de venir elles-mêmes chercher des livres à la bibliothèque, et peuvent envoyer à leur place une autre personne munie de leur carte.

§ 8. — Etiquettes gommées pour coller au dos des livres.

Nous tenons à la disposition des bibliothèques, par feuilles de cent, ou demi-feuilles de cinquante, ou quarts de feuilles de vingt-cinq, des étiquettes gommées, découpées à l'emporte-pièce, et de couleurs variées, que l'on colle au dos des livres, pour y marquer un n° d'ordre.

L'inscription des livres prêtés se fait au moyen de ce n° d'ordre, tant sur le registre des prêts que sur la carte de lecture (voir ci-après, pages 17 et 19).

Nos étiquettes gommées ont l'avantage de coûter 200 à 300 pour cent moins cher que celles du commerce (1), d'être appropriées à l'usage des bibliothèques populaires

---

(1) Les étiquettes gommées, les plus communes dans le commerce, coûtent 20 à 25 cent. la boîte de 100 à 150 étiquettes.

par les mentions qui figurent dans l'encadrement, **enfin** d'offrir un assortiment de couleurs qui répond à un **autre** besoin : le maintien de l'ordre sur les rayons de la bibliothèque.

Nous avons en effet six couleurs variées qui serviront à distinguer, c'est-à-dire à grouper ensemble sur les rayons, l'une les romans, l'autre les livres d'histoire, une troisième les voyages, une quatrième les livres de sciences, d'agriculture, d'industrie, de commerce, une cinquième la philosophie, la philologie, la pédagogie, la législation, l'économie politique, une sixième les beaux-arts et les ouvrages de littérature autres que les romans.

Ces six couleurs sont : violet, bleu, vert, jaune, rose, blanc. Nous avons essayé d'arriver à douze sortes d'étiquettes, à l'aide de nuances diverses de bleu, de rouge, de vert, de jaune, de gris, etc. Une fois apposées au dos des livres, cès nuances ne donnaient plus de résultats suffisamment tranchés, et notre but n'était plus atteint. Nous avons dû y renoncer.

D'un autre côté, nous nous sommes assurés, point important, par une épreuve de quatre mois au soleil, que la lumière ne mangeait pas nos couleurs. L'imprimerie Chaix, qui imprime le *Bulletin de la Ligue*, prévenue des tenants et aboutissants de cette fabrication, avait choisi le papier avec le soin que cette maison apporte à **tous** ses travaux.

Prix : 5 cent. le cent pris aux bureaux. Il faut compter en plus, quand on nous les fera adresser par la poste, 5 centimes de poste par groupe de 800 étiquettes, soit 5 cent. de poste jusques et y compris 800 étiquettes, 10 cent. pour une demande de 800 à 1.600, etc.

§ 9. — **Catalogue matricule.**

Enfin, nous avons profité du temps qui s'est écoulé depuis la publication de notre précédent catalogue, pour compléter par la fabrication de registres le matériel très simple, que nous avions, dès cette époque, projeté de créer, à bas prix, pour les bibliothèques populaires.

On trouve partout des registres pour recettes et dépenses. Nous n'avions pas à nous en préoccuper. De même des registres pour procès-verbaux.

Nous avons eu, en revanche, à faire faire le registre dont les bibliothèques populaires peuvent le moins se passer : le catalogue matricule, et aussi, des registres pour l'inscription des prêts de livres.

Le type auquel nous nous sommes arrêtés pour le catalogue matricule mesure 40 centimètres de hauteur sur 27 centimètres de largeur. On inscrit dans des colonnes :

Sur la page de gauche : 1° le n° d'ordre de chaque volume ; — 2° le nom de l'auteur ; — 3° le titre de l'ouvrage. Ici il fallait ménager une place suffisante pour inscrire les titres les plus longs. Notons par parenthèse qu'il y en a quelquefois de très longs. Nous avons réservé par ouvrage, pour cela, deux lignes de 15 centimètres chacune.

Sur la page de droite : 4° le chiffre 1, quand l'ouvrage se compose d'un seul volume, ou, au cas contraire, la tomaison (1) ; — 5° le format ; — 6° la date d'acquisition ; — 7° le nom de l'éditeur ; — 8° le prix qu'a coûté le volume si on l'a acheté, ou l'estimation de sa valeur, s'il a été donné ; — 9° le coût de la reliure ; — 10° la série dans laquelle le livre a été classé. — Enfin, 11°, nous réservons une colonne d'observations pour noter, par exemple, en cas de don d'un livre, le nom du donateur, les illustrations, etc.

Dans ces conditions, le registre comporte l'inscription de 40 volumes par feuillet, soit 400 volumes par cahier de 10 feuillets.

Le cahier de 10 feuillets coûte 70 centimes sur papier fort, 60 centimes sur papier ordinaire.

Comme il faut prévoir que la bibliothèque s'accroîtra avec le temps, nous ne faisons pas relier d'avance de registre pour moins de 1.600 volumes. Voici les prix,

___

(1) C'est-à-dire 1er vol., 2me vol., 3me vol., etc. Il faut laisser aux bibliothèques publiques l'usage de donner le n° d'ordre à l'ouvrage. Ces bibliothèques ont raison d'opérer ainsi. Nous aurions tort, nous, de les imiter. Dans les bibliothèques populaires, le n° d'ordre doit être donné au volume, que ce volume forme un ouvrage à lui seul ou qu'il ne soit qu'une fraction d'ouvrage.

reliure comprise (1), de quatre combinaisons de registres, les unes en papier ordinaire, les autres en papier fort, que nous avons en magasin :

```
Registre de 1.600 vol... papier fort, »  » (2) papier ordinaire, 5 15
Registre de 2.000 vol...      —        6 25        —            5 75
Registre de 3.000 vol...      —        8 » (3)     —            »  »
```

D'un autre côté, nous ne ferons que sur commande des registres de plus de 3.000 volumes.

A 4.000 volumes, il devient prudent, pour que le registre dure, de faire coudre sur nerfs. Il faut tenir compte, en effet, que sans parler du bibliothécaire, qui en a constamment besoin, le catalogue matricule pourra être fréquemment consulté par les lecteurs.

§ 10. — Inscription des livres prêtés.

Nous donnons à choisir entre deux systèmes, que nous appellerons, l'un le système du *journal*, l'autre, du nom de son inventeur, le *système Bretegnier*.

1º SYSTÈME DU JOURNAL. — Les livres prêtés s'inscrivent au fur et à mesure des prêts. Nous donnons un modèle réduit de la disposition du registre. Ses dimensions sont de 29 cent. sur 19 cent.

Modèle réduit du registre journal.

Les lecteurs sont responsables des livres qui leur sont confiés. Ils doivent les rendre dans le délai fixé par le règlement.

NOM DU LECTEUR	PRÊT DU VOLUME PORTANT LE Nº	RENDU LE	COLONNE SERVANT DE BOOK MEMORANDUM

Le registre est réglé, cela va sans dire.

Pour économiser la place, il n'y a pas de colonne pour inscrire la date de la sortie. On y obvie en écrivant la date sur une des lignes horizontales, et encadrant cette

(1) Il y a 2 fr. 75 de reliure.
(2) Ne se fabrique pas d'avance en papier fort.
(3) Ne se fabrique pas d'avance en papier ordinaire.

date, de droite et de gauche, d'un tiré noir, comme suit :

———————————————— 3 octobre. ————————————————

Ce registre convient aux bibliothèques de villages. Nous laissons assez de place dans la colonne *Nom du lecteur*, pour que l'indication du nom de famille puisse être au besoin complétée, soit par un prénom, soit par la profession, soit par toute autre qualification distinctive.

Il est bon que le bibliothécaire puisse recevoir, sauf à les transmettre au trésorier, les cotisations des sociétaires ; et d'un autre côté, ayant déjà charge d'un registre, il vaut mieux ne pas lui en imposer un second. Pour constater ces recettes, on se servira de la colonne *Book memorandum*, on y notera les versements faits par les lecteurs. On pourra y noter aussi une détérioration grave d'un livre, la date d'une lettre de rappel que l'on a adressée pour un livre en retard, etc.

La page contient 36 lignes, le registre 1.440 (10 feuillets ou 40 pages). En tenant compte des lignes perdues pour inscrire les jours d'ouverture, on doit pouvoir enregistrer de 1.200 à 1.300 prêts.

Prix du registre cousu, avec couverture imprimée : 50 cent. pris aux bureaux ; 65 cent. par la poste.

2° SYSTÈME BRETEGNIER. — On ouvre un compte à chaque lecteur ; toutes les opérations qui le concernent : sorties de livres, rentrées, versements, lettres de rappel, etc., se concentrent à ce compte. On y note ses prénoms, sa profession, son adresse.

Le registre mesure 0,30 cent. sur 0,23 cent. Chaque page contient deux comptes de lecteurs, soit huit par feuillet.

Il y a, d'un autre côté, trente lignes par compte. Soit de quoi inscrire pendant un an les emprunts d'un lecteur échangeant ses livres deux fois par mois, en été, trois fois par mois, en hiver.

Le modèle ci-après donne la disposition, et à un centimètre près qu'il y a de plus dans le registre, la dimension en largeur d'un de ces comptes :

Les lecteurs sont responsables des livres qui leur sont con-

M.				N°
profession				
domicile				
SORTIE DES VOLUMES		VOLUME	RENTRÉE	COLONNE SERVANT
		PORTANT		de
MOIS	DATE	le N°		BOOK MEMORANDUM

Il est d'usage de ne prêter qu'un volume à la fois.
Comme, d'ordinaire un lecteur ne rapporte pas un
livre sans en reprendre un autre, la rentrée s'enregistre
au moyen d'un simple signe ×, et la décharge de l'emprunteur deviendra complète par le fait qu'on inscrit un
autre prêt à son compte. Si le lecteur, par hasard, n'en
reprenait pas d'autre, on note dans la colonne servant
de *Book Memorandum* : « ne reprend pas de livre. »

Les registres de ce modèle nous semblent surtout des-
tinés aux bibliothèques qui comprennent un assez grand
nombre de lecteurs. Ils entraînent, quand on veut dresser
la statistique des volumes lus à des recherches que le
système du registre *journal* fait éviter. Ils obligent aussi
à parcourir tout le registre pour voir quels sont les lecteurs qui gardent trop longtemps des livres prêtés et à
qui il faut les réclamer. Ces inconvénients sont sérieux.
En revanche, tous les bibliothécaires de villes, qui ont
employé le système Bretegnier, s'accordent à constater
qu'il facilite la rapidité du service. C'est un avantage
qui, assurément, a son prix.

Nous n'avions pensé d'abord à faire cette fabrication
que pour former des registres reliés de 400 à 500 comptes de lecteurs. Néanmoins, à la réflexion, nous nous
sommes décidés à tenir à la disposition des petites bi-

bliothèques des registres de ce modèle, contenant 120 comptes de lecteurs seulement. Prix : cousu, avec couverture imprimée, 75 centimes aux bureaux, 95 centimes par la poste.

De ce registre de 120 comptes, ce que nous avons tout préparé pour expédition immédiate saute à :

400 comptes. Prix, reliure comprise, 4 fr. 25 c.;

Puis à 600 comptes. Prix, reliure comprise, 5 fr. ;

Enfin à 800 comptes. Prix, reliure comprise, 6 fr. 50 c.

Au delà, nous ne ferions relier que sur commande. Le cahier de 10 feuillets (ou 80 comptes) coûte 45 centimes; la reliure, 2 francs.

Un répertoire des noms des lecteurs et des folios du registre qui leur sont attribués ne sera pas bien utile pour les registres à 75 centimes, de 120 comptes de lecteurs seulement. Il sera indispensable pour les autres. Un lecteur peut avoir égaré sa carte de lecture, ou bien le bibliothécaire a une recherche à faire dans un compte. Il faut pouvoir toujours trouver rapidement le compte dont on a besoin. Les répertoires les plus pratiques se font à l'aide de fiches de carte mince, qu'il est facile d'avoir toujours dressées dans l'ordre alphabétique des noms.

On remarquera qu'en tête de chaque page de l'un et l'autre registre on rappelle que :

Les lecteurs sont responsables des livres qui leur sont confiés.

Ils doivent les rendre dans le dél ifixé par le règlement.

Ces dispositions fondamentales, complétées par la décision par laquelle le comité fixera les jours d'ouverture et le délai au bout duquel le bibliothécaire réclamera les livres non rentrés (15 jours en général, quelquefois 20 jours ou un mois) suffisent pour constituer tout le règlement intérieur d'une bibliothèque. Nous engageons les bibliothèques populaires à n'en pas avoir d'autre. Inutile de compliquer. Cela suffit à tout. En cas de besoin, il y a un comité qui n'est pas là pour rien.

§ 11. — **Timbre humide.**

Un timbre humide ovale, en cuivre, pour marquer à l'intérieur les livres qui appartiennent à la bibliothèque, représente avec les accessoires : boîte en fer-blanc, tampon, brosse, une bouteille d'encre, une dépense de 7 francs.

Un timbre humide, sans être du luxe, n'est pas indispensable, et l'on peut très bien en éviter la dépense si l'on est juste dans ses ressources. En effet, si l'on a soin de ne mettre en lecture que des livres reliés en toile pleine, et portant à l'intérieur l'étiquette : *Recommandé au lecteur*, cette étiquette non moins que le genre de reliure constituent une marque distinctive suffisante. Le timbre humide ne sert plus guère alors qu'à estampiller les têtes de lettres de la bibliothèque.

§ 12. — **Liste des lecteurs.**

Nous n'avons pas à entrer à ce propos dans des détails qui trouveront utilement leur place dans un autre travail en préparation pour l'année prochaine : *Instruction pour l'organisation et la direction morale d'une société d'instruction.* Ne nous proposant ici que de parler de ce qui touche de près à l'organisation matérielle d'une bibliothèque populaire, nous nous bornerons à faire remarquer, en ce qui concerne les bibliothèques des villes et des gros bourgs, que, si une société qui ne prête ses livres qu'à ses adhérents, n'a pas à dresser une liste spéciale des lecteurs, en revanche une bibliothèque populaire ouverte à tout le monde, soit gratuitement, soit moyennant rétribution, ne peut pas se dispenser de prendre sur un registre à part les nom, prénoms, profession, adresse des personnes lui empruntant des livres, gratuitement ou moyennant rétribution. Il faut savoir où aller chercher un emprunteur qui détient trop longtemps un volume prêté.

Autre observation qui a son importance. Les sociétés qui veulent obtenir trois francs au moins de cotisation par an, feront bien de libeller, dans leurs statuts, la disposition relative à la cotisation, de manière que les adhérents puissent payer par termes, sans que pour cela la tâche de trésorier devienne trop lourde. Voici la formule, dans le **cas** de 3 francs de cotisation par an :

La cotisation est de 0 fr. 25 c. par mois ; elle est payable par trimestre.

Le paiement par trimestre allège la tâche du trésorier qui n'a que quatre fois par **an** à se préoccuper de faire rentrer les cotisations en retard. En même temps, il est bon de poser comme principe que la cotisation est mensuelle. Il y a des gens disposés au cours d'un trimestre à adhérer à la société, qui regarderaient à payer en entier le trimestre entamé, et voudraient attendre le trimestre suivant. La cotisation court du 1er du mois.

§ 13. — **Lettre de rappel.**

Il est d'usage de déterminer, dans le règlement, un délai de 15 à 20 jours, quelquefois d'un mois, au bout duquel les livres prêtés doivent rentrer à la bibliothèque. On comprend pourquoi : il est juste que chaque lecteur ait son tour de prendre les livres qui pourraient lui faire envie.

A l'appui de cette règle, le délai expiré, les bibliothécaires devraient réclamer les livres qu'on ne rend pas. Il ne faudrait pas d'autre sanction. Pour le dire en passant, nous ne goûtons pas beaucoup un moyen d'intimidation, inventé à l'encontre des retardataires, qui consiste à dire, dans le règlement, qu'on leur infligera des amendes. On sait ce qui en advient dans la pratique : en général, on ferme les yeux, on laisse le règlement en souffrance et on compromet son autorité. Autant valait ne pas parler d'une amende. La menace n'est pas un bon moyen de gouvernement, quand on n'est pas décidé à passer aux actes. Nous demandons qu'on se borne à prier les retardataires de rapporter les livres gardés au delà du délai. Inutile de faire plus, mais il faudrait le faire ; les bibliothécaires ne le font pas toujours.

Alors, qu'arrive-t-il? L'insouciance du bibliothécaire

engendre l'incurie des lecteurs. Des livres restent trop longtemps dehors et se perdent.

On a en effet surtout à craindre les retards pour cause de négligence. Les négligents, quand on les laisse aller, finissent par ne jamais rendre. Les personnes ayant des livres à elles, qu'elles prêtent, ne tardent pas à être édifiées là-dessus. Pour nous, un bibliothécaire qui laisse des livres rester indûment dehors, sans s'occuper de les faire rentrer, nous semble aussi imprudent qu'un caissier, constatant un déficit dans sa caisse, qui ne s'inquiéterait pas d'en chercher la cause. Nous avons été témoin, en 1855, du désordre qui s'était introduit dans une bibliothèque populaire des environs de Paris, par la faute d'un bibliothécaire qui ne se donnait pas la peine de réclamer les livres qu'on ne rapportait pas : sur près de 500 volumes restés dehors depuis un certain temps, on put, après bien des courses et des recherches, remettre la main sur environ 200. Les souscripteurs s'émurent, un certain nombre cessèrent de payer ; trois ans après, découragée, la société livrait ce qui restait de la bibliothèque, à peu près 1.800 volumes, à la garde du curé de l'endroit, qui la laissa dépérir davantage, et enfin, en fit réunir les derniers débris à une autre bibliothèque dite du Rosaire vivant. Bien d'autres faits nous reviennent ainsi à la mémoire, que nous pourrions citer : en 1878, par exemple, celui d'un lecteur parisien qui avait emprunté un livre en 1875 à une des bibliothèques populaires de Paris ; diverses circonstances avaient empêché ce lecteur en retard de rendre le volume ; la bibliothèque prêteuse ayant déménagé, sans qu'il pût savoir où elle était allée, il venait nous demander si par hasard nous ne connaîtrions pas son adresse.

Il n'arrive, ainsi, que trop souvent, lorsque des livres se perdent, qu'ils se perdent parce qu'on a tardé à les réclamer. Les emprunteurs en défaut, ne les retrouvant plus chez eux, parce qu'ils les ont eux-mêmes reprêtés à d'autres, sans se le rappeler, restent convaincus qu'ils les ont restitués. On ne les en ferait pas démordre.

Nous appelons sur la question des lettres de rappel

l'attention à la fois des fondateurs de bibliothèques populaires, des comités et des bibliothécaires. L'intérêt
en jeu en vaut la peine. Il n'y a pas d'autre garantie
sérieuse et efficace contre les chances de pertes des
livres.

Il faut bien dire qu'un vice des règlements en usage
dans une bonne partie de nos bibliothèques populaires,
c'est qu'ils contiennent trop de choses. On a ainsi des
règlements très complets, très bien faits, admirables sur
le papier, où l'on trouve tout à la fois une précision
et un luxe de prévoyance qui ne laissent rien à désirer.
Il faudrait plutôt regretter l'excès de perspicacité de
leurs rédacteurs. Mais n'est-ce pas là moins une qualité qu'un défaut grave, s'il est vrai, comme nous l'ont
dit des administrateurs de bibliothèques, dont nous
avons reçu les confidences, que ces règlements, trop
étoffés, restent inappliqués, parce qu'en réalité on perdrait
trop de temps rien qu'à vouloir en prendre connaissance. La prescription relative à la restitution des livres
dans un temps donné, passe ainsi inaperçue dans la
foule de celles dont on a encombré le règlement. Il
n'est pas bon, La Fontaine l'avait déjà fait remarquer,
de prendre le Pirée pour un homme. A propos de bibliothèques populaires, ne nous mettons pas en tête d'édifier
tout un code. Avoir un règlement très court est le bon
moyen d'obtenir que l'on respecte les quelques prescrip-
tions qui y seront insérées.

Que l'on fasse donc attention au délai de lecture;
dès qu'il est expiré, la lettre de rappel doit partir à l'a-
dresse de l'emprunteur oublieux, au besoin par la poste.
La dépense n'est rien, si l'on considère les risques que
courrait la bibliothèque, et le relâchement qui ne tarde-
rait pas à s'introduire dans son fonctionnement, par le
fait de lecteurs propageant autour d'eux, par leur mauvais
exemple, des habitudes d'irrégularité.

Cela n'empêche pas d'apporter à la rigueur de cette
mesure certains tempéraments qui peuvent être admis
sans compromettre aucun intérêt vital. Par exemple,
il convient de laisser aux lecteurs, que l'échéance du

délai surprend au milieu de leur lecture, la facilité de se faire réinscrire pour un nouveau délai. On peut aller plus loin, et créer un délai spécial pour les ouvrages publiés en éditions compactes. Ces éditions offrent cet inconvénient, dans les bibliothèques populaires, qu'elles renferment la matière de 2, 3 et jusqu'à 4 volumes in-12, et qu'il ne suffira pas de 15 jours, ni même d'un mois, pour en achever la lecture. Comme il ne faut pas, sans nécessité, obliger les lecteurs à des dérangements, il sera facile de déterminer d'avance quels sont les volumes trop gros pour lesquels on peut prévoir que le délai ordinaire de lecture serait insuffisant, et, tout en les laissant dans leur série naturelle, les marquer en outre de la lettre Z. Il serait convenu que les livres marqués de la lettre Z, pourraient, au lieu de 15 jours, être gardés un mois.

Nous n'offrons pas de lettres de rappel toutes faites. Les bibliothécaires peuvent s'en faire à très bon compte à l'aide d'un papier autographique, inventé par M. Dagron, photographe. Ce papier est aussi à utiliser, dans les bibliothèques, pour tirer des convocations, etc. Voici les prix des feuilles :

32 centimètres sur 50 : 0,75 cent. la feuille. Cette dimension comporte le tirage de deux circulaires in-4, quatre circulaires in-8 ;

50 centimètres sur 65 : 1 fr. 50 la feuille.

Il faut une encre spéciale : 0,75 cent. le flacon.

Le tirage procure toujours au moins 60 à 75 exemplaires. Avec de l'expérience, on arrive à 125 exemplaires.

Ce papier ne peut s'expédier qu'en carton.

§ 14. — Inventaire.

L'inventaire, quand on juge nécessaire de vérifier s'il n'y a pas de livres perdus, se fait d'une manière très simple, et sans qu'il soit besoin pour cela de suspendre le prêt des livres. On prépare une liste de nombres commençant à 1 et s'arrêtant au numéro du dernier volume de la bibliothèque. Cette liste à la main, on n'a qu'à parcourir successivement les rayons et à biffer au fur et à mesure les nombres qui correspondent aux numéros d'ordre des livres. Les chiffres qui ne sont pas biffés représentent des volumes prêtés ; on s'en assure par une vérification faite, d'après le même procédé, sur le registre de prêts : pour plus de commodité, cette seconde marque sera différente de la première, et faite, par exemple, au crayon de couleur. On va très vite quand on se met à deux personnes pour faire cette opération, l'une appelant les numéros d'ordre des livres, l'autre biffant sur la liste les nombres correspondants.

§ 15. — En résumé :

On voit déjà, par ce que nous venons de dire, comment s'agence une bibliothèque populaire.

L'ordre et la discipline peuvent s'établir dès l'origine et se maintenir toujours, à peu de frais, sans gêne pour personne, et sans que l'on recoure à des précautions minutieuses et exagérées. C'est une vérité aujourd'hui pleinement démontrée par l'expérience de plus de trente années de fonctionnement : 1° que les bibliothèques populaires peuvent prêter leurs livres au dehors (ce qui est, d'ailleurs, leur principale raison d'être) sans qu'il se perde de volumes, ou sans qu'il soit facile, en cas de perte, de constater qui les a perdus et en est responsable ; 2° qu'il n'y a pas besoin, pour cela, d'une comptabilité compliquée.

Les opérations se décomposent en opérations préparatoires et opérations relatives au prêt des livres :

1° Le bibliothécaire inscrit les livres sur le *Catalogue matricule*. L'un des résultats immédiats de ce travail est de donner à chaque volume un numéro d'ordre ;

2° On arrête une classification, et l'on détermine la couleur d'*Étiquettes gommées* qui servira à distinguer chaque série. La classification la plus simple, celle qui suffit dans les bibliothèques de village, est la suivante : romans (série Ng à No de notre catalogue) ; Voyages (série O de notre catalogue) ; Histoire (notre série P) ; Sciences et arts (nos séries Aa, B, C, D, E, F, G) ; Sciences morales (nos séries H, I, J, K, L) ; Littérature et beaux-arts (nos séries M et Na à Nf). Les publications périodiques, lorsqu'on en forme des volumes, se classent, suivant leur nature, à l'une de ces six séries. Les dictionnaires et atlas (notre série Ab) ne sortent pas de la bibliothèque; inutile d'y apposer des étiquettes extérieures.

On colle les étiquettes au dos des livres, et l'on y marque le numéro d'ordre ;

3° A l'intérieur du volume, l'étiquette: *Recommandé au lecteur* porte dans le coin à droite une place ménagée pour inscrire encore ce numéro d'ordre et la série à laquelle appartient le volume. On peut se contenter de cette étiquette, qui est parfaitement adhérente, étant collée tout du long à l'intérieur du volume, pour constater que le volume est la propriété d'une bibliothèque populaire. Si l'on trouve que cela ne suffit pas, et que l'on ait un *timbre*, on marque de ce timbre la première page, et au besoin, une autre page convenue du volume, la page 100 par exemple.

Cela fait, le bibliothécaire est en mesure de recevoir les lecteurs. Il n'y a plus qu'à ouvrir la bibliothèque.

Auparavant cependant, comme, en fait, une bibliothèque populaire ne se fonde pas sans que l'on se soit assuré d'avance des adhésions, on prépare les *Cartes de lecture* des lecteurs déjà inscrits. Ces cartes se délivrent en général gratuitement. Nous conseillons de les faire payer 5 centimes aux lecteurs qui, égarant la leur, sont obligés de la faire remplacer avant qu'elle soit remplie.

Il reste enfin à inscrire les livres prêtés, ce qui se fait au moyen de l'un des deux registres dont nous avons indiqué la combinaison : le *Journal* ou le *Système Bretegnier* ; puis, lorsqu'un livre ne rentre pas au bout du délai convenu, à prier le lecteur en défaut de le rapporter.

J. Chennevière.

AVIS POUR LES COMMANDES

Pour les commandes, il est recommandé aux comités de bibliothèques :

1° De classer les ouvrages par éditeurs. Cette mise en ordre de la liste, facile à faire lorsqu'on transcrira au net le brouillon du projet d'achats, nous facilite nos opérations et aide beaucoup à satisfaire les bibliothèques à bref délai ;

2° De reproduire le numéro d'ordre, afin que notre service des achats de livres, ainsi averti qu'il s'agit d'un ouvrage porté sur notre catalogue, ne soit pas exposé à le payer plus que le prix convenu avec l'éditeur. Le catalogue est déjà très étendu, il est susceptible de s'étendre encore davantage ; nous ne pouvons pas exiger de nos employés qu'ils connaissent tous les livres qui y figureraient. C'est aux bibliothèques qu'il appartiendra de s'assurer par la légère précaution qu'on leur indique le bénéfice des réductions obtenues en leur faveur. En cas d'erreur, et si nos réclamations ultérieures n'aboutissaient pas, nous n'accepterions aucune responsabilité vis-à-vis des bibliothèques qui auraient négligé de reproduire le numéro d'ordre ;

3° De désigner la gare d'expédition.

Le Cercle parisien fait l'avance du prix des livres, à la charge par les bibliothèques de le rembourser après réception des ouvrages dans un délai qui n'excède pas, autant que possible, la quinzaine, à partir du jour de l'expédition. Le recouvrement a lieu par traites dans les villes qui sont chefs-lieux d'arrondissement. Grâce à MM. Goudchaux et Cⁱᵉ, le paiement par traites dans les chefs-lieux d'arrondissement ne coûte que le droit proportionnel de timbre, dépense insignifiante que nous prenons à notre charge. Dans les autres communes, il faudrait payer des frais de change qui rendraient ce mode de paiement par trop onéreux, surtout lorsque le tiré habite un village. Nos correspondants auront avantage à payer par mandats-poste.

Par suite de l'agrandissement de notre local, il nous est devenu possible d'expédier les commandes à bref délai. Les commandes de *livres brochés* jusqu'à concurrence de 100 francs environ, lorsqu'il n'y a pas plus d'une dizaine d'éditeurs, sont expédiés dans les trois jours qui suivent la réception de la demande ; les autres, quelle que soit leur importance, dans les six jours. Il faut compter 15 à 18 jours en plus, lorsqu'il faut *faire relier* les livres. Nous ne pouvons pas garantir les mêmes délais pour les envois de matériel d'enseignement.

Nous accusons réception des commandes de livres reliés et de matériel d'enseignement.

A moins d'instructions contraires, les livres brochés sont expédiés dans une forte enveloppe en papier, emballage à la charge du Cercle parisien ; les livres reliés, dans une caisse en bois léger qui es comptée sur la facture ; ces caisses achetées d'occasion représentent une dépense d'environ 1 franc pour 100 francs de livres reliés.

En même temps que le colis part par le chemin de fer, nous envoyons la facture par la poste. Le destinataire est ainsi prévenu dès le lendemain, que sa commande est en route.

Adresser les lettres à *M. Emmanuel Vauchez, secrétaire général du Cercle parisien.*

CLASSIFICATION DU CATALOGUE

A. — CONNAISSANCES UTILES

Aa. — **Ouvrages de lecture** (p. 34) : sciences physiques et naturelles agriculture; industrie; sciences morales.
Ab. — **Dictionnaires, atlas** (p. 35).

B. — SCIENCES

Ba. — **Savants et systèmes** (p. 36) : biographies; éloges académiques; histoire des sciences.
Bb. — **Mathématiques, mécanique** (p. 37).
Bc. — **Astronomie** (p. 38).
Bd. — **Physique** (p. 38).
Be. — **Chimie** (p. 39).
Bf. — **Physique du globe** (p. 39).
Bg. — **Géologie** (p. 40).
Bh. — **Minéralogie** (p. 41).
Bi. — **Géographie physique** (p. 41).
Bj. — **Botanique** (p. 42).
Bk. — **Zoologie** (p. 43) : physiologie animale; animaux inférieurs; insectes; poissons; oiseaux; mammifères; zoologie géographique; psychologie animale; zoologie passionnelle.
Bl. — **Anthropologie** (p. 45) : physiologie; hygiène; gymnastique; médecine; origine de l'homme, ethnologie.
Bm. — **Systèmes scientifiques contemporains** (p. 47) : théories évolutionnistes; systèmes en opposition avec le darwinisme; systèmes sur diverses branches de la science.

C. — AGRICULTURE

Ca. — **Agronomes, agriculteurs** (p. 49).
Cb. — **L'art agricole** (p. 49) : sciences appliquées à l'agriculture ouvrages généraux de pratique agricole.
Cc. — **Culture des champs** (p. 50) : principes d'agriculture; outillage; culture du sol; drainage, irrigations; culture des plantes; assolements; arboriculture agricole.
Cd. — **Viticulture** (p. 52) : culture de la vigne; vinification.
Ce. — **Cultures coloniales** (p. 52).
Cf. — **Bétail, basse-cour** (p. 53) : zootechnie; races bovines; races ovines; races chevalines; races porcines; basse-cour.

Cg. — **Industries agricoles** (p. 55) : travaux de ferme; apiculture; sériciculture; exploitations diverses.

Ch. — **Horticulture** (p. 56) : art du jardinage; potager; verger; arbres d'ornement; fleurs.

Ci. — **Sylviculture** (p. 57).

Cj. — **Chasse et pêche** (p. 58) : chasse; animaux utiles et nuisibles; pêche d'eau douce; pisciculture; pêches maritimes.

D. — ÉCONOMIE DOMESTIQUE.

Da. — **Ménage, travaux de femmes** (p. 59).

Db. — **Recettes** (p. 59).

E. — INDUSTRIE.

Ea. — **Inventeurs, industriels, ouvriers** (p. 60).

Eb. — **Découvertes et inventions** (p. 60) : inventions scientifiques; méthodes et procédés industriels; industries de l'outillage agricole et industriel; industries se rapportant aux besoins personnels de l'homme; industries se rapportant aux besoins de l'homme en société.

Ec. — **Sciences appliquées à l'industrie** (p. 62).

Ed. — **Arts-et-métiers** (p. 62) : produits chimiques; forces motrices métallurgie; outillage agricole et industriel; industries alimentaires; vêtement; bâtiment; besoins domestiques; besoins intellectuels; industries de luxe; travaux d'utilité publique.

F. — COMMERCE.

Fa. — **Pratique commerciale** (p. 67) : législation et usages commerciaux; banques; transports; commerces de commission et de vente.

Fb. — **Comptabilité commerciale** (p. 68).

G. — ART MILITAIRE

Ga. — **Instruction du soldat** (p. 68).

Gb. — **Instruction du sous-officier** (p. 69).

Gc. — **Tactique, art et histoire militaires** (p. 70).

H. — PHILOSOPHIE

Ha. — **Philosophie et systèmes** (p. 72) : écoles spiritualistes; écoles sensualistes; écoles socialistes et critique de ces écoles; histoire de la philosophie.

Hb. — **Psychologie** (p. 73).

Hc. — **Philosophie morale** (p. 73).

Hd. — **Esthétique** (p. 74).
He. — **Philosophie religieuse** (p. 74).
Hf. — **Philosophie sociale** (p. 75).
Hg. — **Morale civique** (p. 76).
Hh. — **Vies privées** (p. 76).
Hi. — **Hommes utiles** (p. 77).

I. — PHILOLOGIE (p. 77).

J. — PÉDAGOGIE

Ja. — **Pédagogues et instituteurs** (p. 78).
Jb. — **Éducation** (p. 78).
Jc. — **Instruction primaire** (p. 79).
Jd. — **Instruction secondaire et enseignement supérieur** (p. 79) : enseignement professionnel; enseignement classique.
Je. — **Éducation de soi-même** (p 80.) : éducation morale; éducation intellectuelle; éducation physique et militaire.

K. — LÉGISLATION

Ka. — **Droit privé** (p. 81).
Kb. — **Droit public** (p. 81) : droit public en général; droit constitutionnel; droit administratif; droit pénal.
Kc. — **Droit international** (p. 82).

L. — ÉCONOMIE SOCIALE.

La. — **Économistes et financiers** (p. 82).
Lb. — **Economie privée** (p. 82) : épargne et institutions de prévoyance; sociétés coopératives.
Lc. — **Économie rurale, industrielle et commerciale** (p. 84) : principes d'économie politique; économie politique appliquée à la direction des entreprises agricoles, industrielles et commerciales; économie rurale; économie industrielle; économie commerciale.
Ld. — **Économie publique** (p. 85).
Le. — **Statistique** (p. 86).
Lf. — **Régime économique** (p. 86).
Lg. — **Colonisation** (p. 86).

M. — BEAUX-ARTS.

Ma. — **Histoire générale des beaux-arts** (p. 87).
Mb. — **Architecture et sculpture** (p. 87) : architectes et sculpteurs; histoire de l'architecture et de la sculpture; monuments, histoire et description.

Mc. — **Peinture et gravure** (p. 88) : grands peintres ; histoire de la peinture ; gravure ; principe des arts du dessin.

Md. — **Musique** (p. 89) : grands musiciens ; principes de musique.

Me. — **Arts industriels** (p. 89).

N. — LITTÉRATURE.

Na. — **Histoire et critique littéraires** (p. 90) : littératures anciennes ; littérature française ; littératures étrangères.

Nb. — **Morceaux choisis de littérature** (p. 92).

Nc. — **Éloquence** (p. 93).

Nd. — **Genre épistolaire** (p. 93).

Ne. — **Poésie** (p. 94) : poésie épique, épopée héroïque ; épopée familière ; poésie lyrique ; poèmes et chants patriotiques ; poésie didactique.

Nf. — **Théâtre** (p. 96) tragédie et drame ; comédie.

Ng. — **Contes** (p. 98) : contes de fées et de génies ; légendes ; histoires extraordinaires, roman fantastique.

Nh. — **Nouvelles** (p. 99) : nouvelles contenant un enseignement moral ; esquisses de mœurs ; nouvelles historiques.

Ni. — **Romans didactiques** (p. 102) : leçons morales ; roman moral ; roman pédagogique ; roman artistique ; roman littéraire ; romans sur les sciences mathématiques et physiques ; romans sur l'histoire naturelle ; roman agricole ; roman industriel.

Nj. — **Romans d'aventures** (p. 106) : roman héroïque, roman de cape et d'épée ; aventures de mer ; aventures de terre ; aventures de voyages ; scènes de la vie sauvage ; Robinsons.

Nk. — **Romans passionnels** (p. 109) : roman de sentiment ; roman dramatique ; roman d'analyse psychologique ; roman de caractère ; roman autobiographique.

Nl. — **Romans de mœurs** (p. 111) : scènes et tableaux de la vie de famille ; mœurs résultant des milieux où l'on vit ; roman de la vie mondaine ; romans de la vie de village ; milieux professionnels ; mœurs cléricales ; mœurs scolaires ; roman de la vie militaire ; roman maritime ; romans chinois ; roman d'intrigues.

Nm. — **Romans historiques** (p. 116) : mœurs et histoire de l'antiquité ; mœurs du temps de la féodalité ; romans utilisant des faits ou des données historiques ; roman historique ; romans d'histoire contemporaine.

Nn. — **Romans militants** (p. 120) : roman satirique ; roman humanitaire ; roman social ; roman politique ; romans anti-cléricaux.

No. — **Romans philosophiques** (p. 121).

O. — ETHNOGRAPHIE.

Oa. — **Voyageurs et marins** (p. 122).

Ob. — **Voyages d'explorations modernes** (p. 123) : Afrique : bassin du Niger et Sahara ; Afrique : région des grands lacs ; Asie centrale ; Amérique ; mers polaires.

Oc. — **Géographie politique** (p. 126) : géographie universelle;
France, Algérie et colonies; Europe, Asie, Afrique, Amérique;
Océanie; géographie commerciale.

Od. — **Mœurs, coutumes, institutions** (p. 127) : peuples anciens;
idées, croyances, usages, traditions; étude des peuples modernes; voyages; mœurs militaires et marines.

Oe. — **Scènes et récits** (p. 132) : tableaux de mœurs; scènes fami-
lières; récits de chasse et de pêche; descriptions.

Of. — **Aventures de voyages** (p. 134).

P. — HISTOIRE

Pa. — **Histoire universelle** (p. 135).

Pb. — **Histoire des peuples anciens** (p. 136) : histoire générale,
grandes époques; mémoires, histoire racontée par les contemporains; biographies; épisodes.

Pc. — **Histoire générale des peuples modernes** (p. 137) : histoire générale de la France; histoires particulières; histoire des
peuples étrangers.

Pd. — **Moyen âge** (p. 139) : histoire du moyen âge; principaux règnes, grandes époques; mémoires; biographies; épisodes.

Pe. — **Temps modernes** (p. 140) : histoire des temps modernes; principaux règnes, grandes époques; mémoires; biographies; épisodes.

Pf. — **Révolution française** (p. 144) : histoire générale de la Révolution; mémoires, discours, correspondances du temps; biographies; épisodes.

Pg. — **Histoire des institutions** (p. 147) : antiquité; études sur le
moyen âge en France; ouvrages de propagande sur l'ancien régime; institutions de la Révolution; institutions des pays étrangers.

Ph. — **Philosophie de l'histoire** (p. 148).

Pi. — **Histoire contemporaine** (p. 148) : histoire générale; histoire
contemporaine par époques; mémoires, documents, correspondances; biographies; épisodes.

Q. — PUBLICATIONS PÉRIODIQUES

Qa. — **Revues et recueils** (p. 152) : paraissant toutes les semaines;
deux fois par mois; tous les mois; tous les deux mois.

Qb. — **Annuaires, almanachs** (p. 154).

CATALOGUE A CONSULTER

POUR L'ORGANISATION ET LA DIRECTION

D'UNE

BIBLIOTHÈQUE POPULAIRE

DESTINÉE A DES LECTEURS ADULTES

2ᵉ Édition. — 15 octobre 1883.

A — CONNAISSANCES UTILES

Aa — Ouvrages de lecture

Sciences physiques et naturelles.

   1. **Figuier.** Le savant du foyer. gr. in-8. 291 vign. *Hachette* **7 50
   2. **Tissandier.** Les récréations scientifiques. gr. in-8. 225
      vign. *Masson* 7 50
   3. **Hément.** Menus propos sur les sciences. ⚭ *Delagrave.* 1 40
1001. **Cristal.** Les délassements du travail. in-16. *Baillière* » 42
☞ **Fabre.** Le livre d'histoires. 70 vign. *Delagrave.* . . . 1 40
☞ **Fabre.** Aurore. 98 vign. *Delagrave* 1 40
   4. **Lévy.** 100 tableaux de science pittoresque. in-4. 176
      vign. *Hachette.* . . . . *3 »
4001. **Lévy.** Les nouveautés de la science. 60 vign. *Hachette* » 75
4002. **Vincent.** A bâtons rompus. in-16. 37 vign. *Hachette.* . » 42
1002. **Wagner.** Voyages de découvertes dans la maison
      et aux alentours. 4 vol. in-8. 394 vign. *Levrault* . 6 »
☞ **Fabre.** La chimie de l'oncle Paul. 37 vign. *Delagrave.* . *1 40

Agriculture.

☞ **Joigneaux.** Petite école d'agriculture. 45 vign. *Lib.*
      agricole. . . . . *» 85
   5. **Fabre.** Le livre des champs. 86 vign. *Delagrave* . . 1 40
4003. **Kergomard.** Les biens de la terre. *Fischbacher.* . . . 1 10
   6. **Delon.** A travers nos campagnes. in-4. 315 vign. *Ha-*
      chette . . . . *3 »
4004. **Norval.** La table de grand-père. in-16. 92 vign. *Hachette.* » 42

☞ **Fabre**. Les ravageurs. 93 vign. *Delagrave*. 1 40
☞ **Fabre**. Les auxiliaires. 66 vign. *Delagrave* 1 40
☞ **Fabre**. Les serviteurs. 53 vign. *Delagrave*. 1 40

Industrie.

☞ **Figuier**. Les grandes inventions, 7e édition. 144 vign.
     ◊ *Hachette*. *1 05
7. **Leguidre**. Premiers éléments d'industrie manufactu-
     rière. in-16. 57 fig. *Delagrave* . . . . *» 60
8. **Fabre**. L'industrie. 69 vign. *Delagrave* 1 40
☞ **Fabre**. Le ménage. 64 vign. *Delagrave* 1 40

Sciences morales.

☞ **Bruno**. Francinet, notions de morale, d'industrie, de
     commerce et d'agriculture. 135 vign. *Belin*. . . . *1 05

Ab — Dictionnaires Atlas.

3001. **Larousse**. Dictionnaire universel du 19e siècle. 16
     vol. gr. in-4. *Boyer*. . . . . **420 »
3002. **Littré**. Grand dictionnaire de la langue française.
     5 vol. gr. in-4. *Hachette*. . . . .**70 »
☞ **Littré et Beaujean**. Dictionnaire abrégé de la langue
     française, avec supplément historique et géogra-
     phique. gr. in-8. *Hachette* **9 75
1003. **Bouillet**. Dictionnaire des sciences, des lettres et des
     arts. in-4. *Hachette* **16 80
3003. **Privat-Deschanel et Focillon**. Dictionnaire des sciences
     théoriques et appliquées. 2 vol. in-4. *Delagrave*.**25 60
4005. **Richard**. Vocabulaire agricole et horticole. 99 vign.
     Lib. agricole. 2 65
1004. **Lacroix**. Dictionnaire industriel. 4 vol. 552 fig. *La-
     croix* . . . .**30 »
4006. **Dufour**. Dictionnaire des falsifications. in-16. *Baillière*. » 42
9. **Beleze**. Dictionnaire de la vie pratique à la ville et
     à la campagne. in-4. *Hachette* **16 80
1005. **Charton**. Dictionnaire des professions. gr. in-8. *Hachette* 7 50
10. **Les codes français**, éd. Tripier. in-16. *Cotillon* . . . *6 25
11. **E. Cadet**. Dictionnaire de législation usuelle. *Belin*. *4 15
3004. **Block**. Dictionnaire de l'administration française.
     in-4. *Levrault*. . . . .**24 »

12. **Joanne**. Petit dictionnaire de la France et des colonies. *Hachette* *4 50

4007. Petit atlas départemental de la France et des colonies, 96 cartes. in-8. *Hachette.* . . . . *» 75

☞ **Cortambert**. Petit atlas élémentaire, avec texte expli-
catif, 16 cartes coloriées. gr. in-8. *Hachette* . . . *» 75

13. Atlas manuel de géographie moderne, 54 cartes
coloriées. demi-folio. *Hachette.* . . . . *24 »

1006. Atlas usuel de géographie moderne, extrait de l'atlas
de St-Cyr, 18 cartes coloriées. demi-fol. *Jouvet* . . *14 »

☞ **Dezobry** et **Bachelet**. Dictionnaire de biographie,
d'histoire et de géographie, 2 vol. in-4. *Delagrave* **18 75

1007. **Grégoire**. Dictionnaire d'histoire et de géographie.
in-4. *Garnier* . . . . **15 »

1008. **Chéruel**. Dictionnaire historique des institutions de
la France. 2 vol. 77 fig. *Hachette* . . . . 9 »

1009. **Vapereau**. Dictionnaire universel des contemporains,
édit. de 1880. in-4. *Hachette.* . . . . **24 »

B — SCIENCES

Ba — Savants et systèmes.

Biographies.

1010. **Figuier**. Savants de l'antiquité. gr. in-8. *Hachette.* **7 50

1011. **Figuier**. Savants du moyen âge. gr. in-8. 35 vign.
Hachette. **7 50

1012. **Figuier**. Savants de la renaissance. gr. in-8. 30 vign.
Hachette **7 50

14. **Flammarion**. Vie de Copernic. *Didier.* 1 05

3005. **Th. H. Martin**. Galilée. *Didier.* 2 50

1013. **Combes**. Galilée et l'Inquisition romaine. in-16. *Dreyfous.* » 35

☞ **J. Bertrand**. Les fondateurs de l'astronomie moderne.
Hetzel. 2 10

1014. **Figuier**. Savants du 17e siècle. gr. in-8. 36 vign. *Hachette.* **7 50

1015. **Figuier**. Savants du 18e siècle. gr. in-8. 40 vign. *Hachette.* **7 50

3006. **Flourens**. Buffon. *Garnier* 2 50

3007. **L'abbé Moigno**. Le père Secchi. *Gauthier-Villars.* . . . 2 80

15. **Tyndall**. Faraday inventeur. *Gauthier-Villars.* . . . . 2 »

☞ **Mangin**. Les savants illustres de la France. gr. in-8.
16 vign. *Ducrocq* **5 25
16. **Tissandier**. Les martyrs de la science. gr.in-8. 34 vign.
Dreyfous **5 60

Éloges académiques.

3008. **Cuvier**. Éloges historiques. in-8. *Ducrocq* . . . . . 3 »
3009. **Arago**. Notices biographiques. 3 vol. in-8. *Morgand.***18 »
3010. **Flourens**. Éloges historiques. 3 vol. *Garnier* 7 50
3011. **Béclard**. Notices et portraits de médecins. in-8. *Masson.* 4 »

Histoire des sciences.

3012. **Hœfer**. Histoire des mathématiques. *Hachette* . . . . 3 »
1016. **Hœfer**. Histoire de l'astronomie. *Hachette* . . . . . 3 »
1017. **Boillot**. L'astronomie au 19e siècle. *Didier* 2 50
3013. **Hœfer**. Histoire de la physique et de la chimie. *Hachette.* . . . . 3 »
1018. **Figuier**. L'alchimie et les alchimistes. *Hachette.* . . 2 50
3014. **Wurtz**. Histoire des doctrines chimiques depuis La-
voisier. *Hachette* 2 50
3015. **Hœfer**. Histoire de la botanique, minéralogie, géologie. *Hachette* . . . . 3 »
3016. **Hœfer**. Histoire de la zoologie. *Hachette* . . . . . . 3 »

Bb — Mathématiques, mécanique.

3017. **Tombeck**. Traité d'arithmétique. in-8. *Hachette* . . 3 20
3018. **Amiot**. Éléments de géométrie. in-8. *Delagrave* . . 4 »
4008. **Mad. Pape-Carpantier**. Le secret des grains de sable.
Hetzel 2 10
☞ **Dalsème**. Premières notions de takymétrie. 65 figures
Belin . . . . *» 60
1019. **Briot et Vacquant**. Arpentage, levé des plans, nivel-
lement. *Hachette* 2 25
17. **Guy**. Le géomètre-arpenteur. 183 fig. *Hetzel* . . . . 2 »
3019. **Delaunay**. Cours de mécanique. 551 fig. *Hachette* . . **6 40
18. **Leclert**. 20 leçons de mécanique usuelle. 150 fig.
Delagrave. *1 05
19. **Collignon**. Les machines. 82 vign. *Hachette* 1 60

Bc — Astronomie.

3020. **Arago**. Astronomie populaire. 4 vol. in-8. *Morgand.* 32 »
1020. **Petit**. Traité d'astronomie pour les gens du monde.
    2 vol. carte, 268 fig. *Gauthier-Villars* 5 60
1021. **Flammarion**. Les merveilles célestes. 75 vign. *Hachette* 1 60
☞ **Flammarion**. Astronomie populaire. in-4. 7 pl. en
    couleur, 353 vign. *Marpon* **8 40
☞ **Guillemin**. Les mondes. *Lévy* 2 45
3021. **Guillemin**. Le ciel. in-4. 22 pl. en couleurs, 401 grav.
    ou vign. *Hachette.* **22 50
☞ **Fabre**. Le ciel. 80 fig. *Delagrave.* 1 40
  20. **Guillemin**. Le soleil. 58 vign. *Hachette* . . . . » 90
  21. **Guillemin**. La lune. 48 vign. *Hachette* . . . . » 90
3022. **Guillemin**. Les étoiles. carte, 64 vign. *Hachette.* . . . » 90
1022. **Flammarion**. Les étoiles. in-4. 400 vign. *Marpon* . . . **7 »
3023. **Guillemin**. Les nébuleuses. 66 vign. *Hachette* . . . » 90
1023. **Flammarion**. Les terres du ciel. 8 cartes, 97 vign.
    ✢ *Marpon* **4 20
3024. **Guillemin**. Les comètes. in-4. 91 vign. *Hachette* . . . 7 50
1024. **H. de Parville**. Un habitant de la planète Mars. *Hetzel* 2 45
4009. **Mad. St. Meunier**. La planète que nous habitons. in-8.
    73 vign. *Hachette* 1 10
4010. **Francœur**. Théorie du calendrier. in-16. *Roret* . . . 2 10

Bd. — Physique.

3025. **Daguin**. Cours de physique. in-8. 764 fig. *Delagrave.* 5 60
3026. **Drion et Fernet**. Traité de physique élémentaire. in-8.
    709 fig. *Masson* **6 40
☞ **Fabre**. Physique. 31 fig. *Delagrave.* 1 40
3027. **Deleveau**. La matière et ses transformations. 89 vign.
    Hachette. 1 60
3028. **Cazin**. Les forces physiques. 58 vign. *Hachette.* . . . 1 60
3029. **Cazin**. La chaleur. 83 vign. *Hachette.* 1 60
1025. **Tyndall**. La chaleur, mode de mouvement. 110 fig.
    Gauthier-Villars 6 40
3030. **Snow Harris**. Leçons d'électricité. *Hetzel* . . . . . . 2 »
3031. **Cazin**. L'étincelle électrique. 76 vign. *Hachette* . . 1 60

3032. **Hospitalier**. Applications de l'électricité. gr. in-8. 137
    fig. *Masson* 7 50
1026. **H. de Parville**. L'électricité et ses applications (expo-
    sition de Paris, 1881). 187 fig. *Masson* *4 50
1027. **Gay-Lussac et Pouillet**. Instruction sur les paraton-
    nerres. 58 fig. *Gauthier-Villars*. . . . . 2 »
3033. **Ternant**. Les télégraphes. 192 vign. *Hachette*. . . . 1 60
4011. **Radau**. Le magnétisme. 104 vign. *Hachette*. 1 60
4012. **Radau**. L'acoustique. 114 vign. *Hachette* 1 60
3034. **Guillemin**. Le son. 70 fig. *Hachette*. . . . . » 90
3035. **Guillemin**. La lumière et les couleurs. 71 fig. *Hachette* » 90
1028. **Fonvielle**. Les merveilles du monde invisible. 120 vign.
    Hachette. 1 60
1029. **Mad. Demoulin**. Les jouets d'enfants. in-8. 128 vign.
    Hachette. 1 10

Be. — Chimie.

3036. **Liebig**. Introduction à l'étude de la chimie. *Hetzel*. 1 35
3037. **Troost**. Traité élémentaire de chimie. in-8. 443 fig.
    Masson **6 40
4013. **Pierre**. Notions de chimie usuelle. 42 fig. *Delagrave* 1 90
1022. **Stockhardt**. Chimie usuelle. 225 fig. *Lib. agricole* . . 3 15
4014. **Sanson**. Les principaux faits de la chimie. in-16. *Bail-*
    lière. » 42
3038. **Violette**. Manipulations chimiques simplifiées. in-8.
    227 fig. *Lacroix* . . . . 6 »
3039. **Gerhardt et Chancel**. Précis d'analyse chimique qua-
    litative. fig. *Masson*. . . . . 6 »
3040. **Odling**. Les métamorphoses chimiques du carbone.
    Gauthier-Villars 1 60
3041. **Schutzenberger**. Les fermentations. in-8. *Baillière* . . *4 20
☞ **Faraday**. Histoire d'une chandelle. 54 fig. *Hetzel* . . 2 45

Bf. — Physique du globe.

23. **Zurcher**. Phénomènes de l'atmosphère. in-16. *Baillière* » 42
4015. **Saffray**. La physique des champs. in-16. 95 fig.
    Hachette. . . . . » 37

1030. **Jamin**. Quelques phénomènes atmosphériques. in-8. 42 vign. *Hachette* 1 10
3042. **Moitessier**. L'air. 93 vign. *Hachette*. 1 60
4016. **Lévy**. Histoire de l'air. in-16. *Baillière*. . . . . . . » 42
  24. **Flammarion**. Voyages aériens. *Marpon*. 2 45
  25. **Tissandier**. Histoire de mes ascensions. *Dreyfous* . . 1 40
4017. **Fonvielle**. La prévision du temps. *Gauthier-Villars*. 1 20
1031. **Fonvielle**. Éclairs et tonnerre. 59 vign. *Hachette* . . 1 60
4018. **Delon**. Promenades dans les nuages. in-8. 63 vign. *Hachette*. 1 10
4019. **Zurcher et Margollé**. Les tempêtes. *Hetzel*. 2 10
4020. **Zurcher et Margollé**. Trombes et cyclones. 42 vign. *Hachette*. 1 60
  26. **Tissandier**. L'eau. 6 cartes, 75 vign. *Hachette*. . . . 1 60
1032. **Tyndall**. Les glaciers et les transformations de l'eau. in-8. fig. *Baillière*. *4 20
4021. **Zurcher et Margollé**. Les glaciers. 45 vign. *Hachette*. 1 60
1033. **Bouaut**. Les grands froids. 31 vign. *Hachette*. . . . 1 60
4022. **Zurcher et Margollé**. Les météores. 23 vign. *Hachette*. 1 60

Bg. — Géologie.

☞ **Cuvier**. Discours sur les révolutions de la surface du globe, éd. Hœfer. 4 pl. *Didot*. 1 50
3043. **Lyell**. Abrégé des Eléments de géologie. 644 fig. *Garnier*. . . . .** 7 50
3044. **Beudant**. Minéralogie et géologie. 600 fig. *Masson*. 4 80
1034. **Bertrand**. Lettres sur les révolutions du globe. 5 vign. *Hetzel* 2 45
☞ **Geikie** Notions de géologie. 47 vign. *Baillière* . . . » 70
  27. **Figuier**. La terre avant le déluge. gr. in-8. 8 cartes en couleur, 370 vign. *Hachette* . . . .** 7 50
  28. **Boitard**. L'univers avant les hommes. gr. in-8. 25 cartes, 38 vign. *Passard* . . . . 6 »
4023. **Simonin**. Histoire de la terre. *Hetzel*. 2 10
1035. **Biart**. L'homme et son berceau. gr. in-8. 18 vign. *Hennuyer*. 5 25
4024. **Saffray**. Histoire de la terre. in-16. 75 fig. *Hachette*. » 37
3045. **Tissandier**. Les fossiles. 133 vign. *Hachette*. 1 60

1036. **Mad. St. Meunier.** L'écorce terrestre 75. vign. *Hachette.* 1 60
4025. **Zurcher et Margollé.** Volcans et tremblements de terre. 62 vign. *Hachette.* 1 60
☞ **Simonin.** Les merveilles du monde souterrain. 9 cartes, 18 vign. *Hachette* 1 60
3046. **Lambert.** Guide du géologue en France. 76 fig. *Savy.* 4 »
1037. **Stanislas Meunier.** Excursions géologiques à travers la France. gr. in-8. 99 vign. *Masson.* 7 50

Bh. — Minéralogie.

3047. **Drapiez.** Minéralogie uselle, caractères des minéraux, gisements, applications. *Hetzel* 2 »
☞ **Jean Reynaud.** Histoire élémentaire des minéraux usuels. 4 pl. en couleur. *Hachette.* 1 60
4026. **Simonin.** Les pierres. in-4. 15 cartes, 96 grav. ou vign. *Hachette.* **7 50
4027. **Mad. St. Meunier.** Le monde minéral. in-8. 38 vign. *Hachette.* 1 10
4028. **Mad. Demoulin.** Les richesses minérales. in-16. 43 vign. *Hachette* » 42

Bi. — Géographie physique.

3048. **E. Reclus.** La terre. 2 vol. in-4. 51 cartes en couleur, 457 vign. ou grav. *Hachette.* **22 50
3049. **E. Reclus.** Les phénomènes terrestres. 2 vol. 82 fig. *Hachette.* 1 80
3050. **Julhiet.** Introduction à l'étude de la géographie. 4 cartes, 40 vign. *Jouvet* 2 10
3051. **Roche.** Géographie physique. *Delagrave.* 1 35
☞ **Fabre.** La terre. 26 fig. *Delagrave* 1 40
☞ **Figuier.** La terre et les mers. gr. in-8. 20 cartes, 230 vign. ou grav. *Hachette* **7 50
☞ **Geikie.** La géographie physique. 29 vign. *Baillière.* » 70
1039. **Grove.** Océans et continents. in-16. 24 vign. *Baillière.* » 42
29. **Delon.** Cent tableaux de géographie pittoresque, avec texte. in-4. 240 vign. *Hachette* *3 »
3052. **Tyndall.** Dans les montagnes. *Hetzel.* 2 45

1040. **E. Reclus.** Histoire d'une montagne. ⚭ *Hetzel* 2 10
☞ **De Saussure.** Voyages dans les Alpes. *Fischbacher.* . 2 55
  30. **S. d'Arve.** Histoire du Mont-Blanc. *Delagrave.* 2 45
☞ **Durier.** Le Mont-Blanc. carte. *Fischbacher* 2 55
  31. **Talbert.** Les Alpes. in-8. 62 vign. *Hachette.* 1 10
1041. **Margollé et Zurcher.** Ascensions célèbres. 39 vign.
  Hachette. 1 60
1042. **Maury.** Géographie de la mer. *Hetzel* 2 10
  32. **Margollé.** Phénomènes de la mer. in-16. *Baillière* . . » 42
1043. **Sonrel.** Le fond de la mer. 90 vign. *Hachette* . . . 1 60
  33. **Renard.** Le fond de la mer. *Hetzel.* 2 10
1044. **Badin.** Grottes et cavernes. 55 vign. *Hachette* . . . 1 60
  34. **Landrin.** Les plages de la France. 108 vign. *Hachette.* 1 60
1045. **E. Reclus.** Histoire d'un ruisseau. ⚭ *Hetzel.* 2 10
1046. **Millet.** Les merveilles des fleuves et des ruisseaux.
  carte, 66 vign. *Hachette.* 1 60
  35. **Landrin.** Les inondations. 24 vign. *Hachette* 1 60
☞ **F. de Lanoye.** Les grandes scènes de la nature.
  40 vign. *Hachette.* 1 30
☞ **Mad. Figuier.** Scènes et tableaux de la nature.
  in-8. 25 vign. *Hachette* 1 10

Bj. — Botanique.

3053. **A. de Jussieu.** Cours de botanique. 812 fig. *Masson.* 4 80
3054. **Richard.** Éléments de botanique, éd. Martins et de
  Seynes. in-8. 380 fig. *Savy* 5 60
4029. **Lerolle.** Botanique appliquée à la culture des
  plantes. 108 fig. *Hetzel.* . . . . 4 »
1047. **Figuier.** Histoire des plantes. gr. in-8. 450 vign. ou
  fig. *Hachette* **7 50
1048. **Grimard.** La plante. gr. in-8. 300 vign. *Hetzel.* . . **4 90
☞ **Fabre.** La plante. 187 fig. *Delagrave* 1 40
  36. **Mad. H. Meunier.** Entretiens familiers sur la botanique. 104 vign. *Hachette.* . . . . » 90
4030. **Monplaisir.** Nos amies les plantes. 65 fig. *Dreyfous.* » 55
1049. **Bocquillon.** La vie des plantes. 60 vign. *Hachette* . . 1 60
  37. **Noël.** La vie des fleurs. *Hetzel.* 2 10
4031. **Grimard.** Histoire d'une goutte de sève. *Hetzel* . . . 2 10

4032. **Mad. St. Meunier.** Le monde végétal. in-8. 71 vign.
    Hachette. 1 10
3055. **Girard.** Les plantes étudiées au microscope. 208 fig. ou
    vign. *Hachette*. 1 60
3056. **De Candolle.** L'origine des plantes cultivées. in-8.
    Baillière *4 20
1050. **Lemaout et Decaisne.** Flore élémentaire des jardins et
    des champs, avec clefs. 2 vol. *Lib. agricole* 6 30
  38. **Jandel.** La botanique sans maître, étude de plus
    de 1000 plantes usuelles. *Savy* 2 40
☞ **Saffray.** Les remèdes des champs. 2 vol. in-16. 160 fig.
    Hachette. » 74
4033. **Héraud.** Dictionnaire des plantes médicinales. in-8.
    261 vign. *J.-B. Baillière*. *4 80
4034. **Piré.** Les végétaux inférieurs. 28 vign. *Dreyfous*. » 55
4035. **Piré.** Les condiments. 20 vign. *Dreyfous* . . . . . » 55
  39. **Marion.** Merveilles de la végétation. 45 vign. *Hachette*. 1 60
☞ **Alph. Karr.** Voyage autour de mon jardin. *Lévy* . . . » 70

Bk. — Zoologie.

Physiologie animale.

3057. **Milne-Edwards.** Cours de zoologie. 525 fig. *Masson* . . 4 80
1051. **Paul Bert.** Anatomie et physiologie animales. 270 fig.
    Masson 2 65
3058. **Marey.** La machine animale. in-8. 117 fig. *Baillière*. . *4 20
3059. **Pettigrew.** La locomotion chez les animaux. in-8.
    131 fig. *Baillière*. *4 20
  40. **Hément.** Les infiniment petits. in-8. 158 fig. ou vign.
    Hachette. 1 10
  41. **Delon.** Cent récits d'histoire naturelle. in-4. 208 vign.
    Hachette. *3 »
4036. **Mad. St. Meunier.** Le monde animal. in-8. 54 vign.
    Hachette. 1 10

Animaux inférieurs.

1052. **Figuier.** Zoophytes et mollusques. gr. in-8. 385 vign.
    Hachette. **7 50
3060. **Van Beneden.** Les commensaux et les parasites.
    in-8. 83 fig. *Baillière*. *4 20

1053. **Tyndall.** Les microbes. in-8. fig. *Savy* 6 40

Insectes.

1054. **Figuier.** Les insectes. gr. in-8. 628 vign. *Hachette* . . **7 50
1055. **Blanchard.** Métamorphoses, mœurs et instincts des insectes. in-4. 240 vign. ou grav. *Baillière* **17 50
☞ **J. Franklin.** Le monde des métamorphoses. *Hachette.* 2 50
3061. **Girard.** Les métamorphoses des insectes. 378 fig. ou vign. *Hachette.* 1 60
☞ **Réaumur.** La vie et les mœurs des insectes. 31 vign. *Delagrave* 1 40
☞ **Rendu.** Mœurs pittoresques des insectes. 12 pl. *Hachette.* 1 60
42. **Rendu.** Les abeilles. in-16. 17 vign. *Hachette.* . . . . » 37
3062. **J. de Lubbock.** Fourmis, abeilles et guêpes. 2 vol. in-8. 5 pl. en couleur. 73 fig. *Baillière.* *8 40

Poissons.

1056. **Frédol.** Le monde de la mer. in-4. 22 pl. en couleur, 334 vign. ou grav. *Hachette* **22 50
1057. **Figuier.** Poissons et reptiles. gr. in-8. 222 vig. *Hachette.* **7 50
☞ **J. Franklin.** Poissons et mollusques. *Hachette.* . . . 2 50
☞ **J. Franklin.** Reptiles. *Hachette.* 2 50
3063. **Huxley.** L'écrevisse, introduction à l'étude de la zoologie. in-8. 82 fig. *Baillière.* *4 20
☞ **Landrin.** Les monstres marins. 41 vign. *Hachette.* . 1 60

Oiseaux

1058. **Figuier.** Les oiseaux. gr. in-8. 322 vign. *Hachette* . . **7 50
☞ **J. Franklin.** Oiseaux. *Hachette* 2 50
3064. **Chapuis.** Le pigeon voyageur. in-8. *Roret.* 2 10

Mammifères.

☞ **Le Buffon des familles,** description des animaux par Buffon et Lacépède. gr. in-8. 446 vign. *Garnier* . . **6 »
1059. **Figuier.** Les mammifères. gr. in-8. 335 vign. *Hachette.* **7 50
☞ **J. Franklin.** Mammifères. 2 vol. *Hachette.* . . . . . . 5 »
43. **Roulin.** Causeries d'histoire naturelle. *Hetzel* 2 10
44. **Leshazeilles.** Tableaux et scènes de la vie des animaux. in-8. 20 vign. *Hachette.* . . . . , 1 10

1060. **Bouley.** La rage. *Asselin*. . . . . » 80

Zoologie géographique.

☞ **Rendu.** Les animaux de la France. gr. in-8. 258 vign. *Hachette*. ****7 50**

4037. **Mad. Demoulin.** Les bêtes de mon étang. in-16. 58 vign. *Hachette*. . . . . » 42

4038. **Mad. Demoulin.** Les bêtes de mon jardin. in-16. 43 vign. *Hachette*. . . . . » 42

4039. **Mad. Demoulin.** Les bêtes de nos maisons. in-16. 40 vign. *Hachette* . . . . » 42

1061. **Grimard.** Le Jardin d'acclimatation. ✧ *Hetzel*. . . . 2 10

Psychologie animale.

45. **Hément.** De l'instinct et de l'intelligence. in-8. 49 vign. *Delagrave* 2 45

1062. **Wood.** Les architectes de la nature. gr. in-8. 258 vign. *Jouvet*. . . . . ****7** »

☞ **Menault.** L'intelligence des animaux. 80 vign. *Hachette*. 1 60

46. **Menault.** L'amour maternel chez les animaux. 78 vign. *Hachette*. 1 60

Zoologie passionnelle.

1063. **Toussenel.** L'esprit des bêtes. in-4. 81 vign. *Hetzel* . . 3 50
1064. **Toussenel.** Le monde des oiseaux. 3 vol. in-8. *Dentu*. 14 70
1065. **Michelet.** La mer. *Lévy*. 2 65
1066. **Michelet.** L'insecte. ✧ *Hachette* 2 50
1067. **Michelet.** L'oiseau. ✧ *Hachette*. 2 50
47. **G. de Cherville.** L'histoire naturelle en action, esquisses de la vie des bêtes. *Didot*. 2 25
48. **G. de Cherville.** Les bêtes en robe de chambre. *Didot*. 2 25
☞ **Van Bruyssel.** Les clients d'un vieux poirier. in-8. 59 vign. *Hetzel* 1 35

Bl. — Anthropologie.

Physiologie.

1068. **Le Pileur.** Le corps humain. 45 vign. *Hachette* . . . 1 60
1069. **Figuier.** Connais-toi toi-même. gr. in-8. 166 vign. *Hachette*. ****7 50**

3065. **Comte**. Structure et physiologie de l'homme. 8 pl. avec fig. coloriées, découpées, superposées. *Masson* . . . 3 60
☞ **Jean Macé**. Histoire d'une bouchée de pain. ☦ *Hetzel* . . 2 10
☞ **Jean Macé**. Les serviteurs de l'estomac. ☦ *Hetzel* . . 2 10
3066. **Luys**. Le cerveau et ses fonctions. in-8. fig. *Baillière*. *4 20
3067. **Bernstein**. Les sens. in-8. 91 fig. *Baillière*. *4 20
4040. **Mad. Demoulin**. Les cinq sens. in-8. 84 vign. *Hachette*. 1 10
1070. **Gratiolet**. De la physionomie et des mouvements d'expression. *Hetzel*. 2 10

Hygiène.

49. **Bourdon**. Notions d'hygiène pratique. in-4. 45 fig. *Hachette* 2 25
4041. **Cruveilhier**. Hygiène générale. in-16. *Baillière* . . . . » 42
☞ **George**. Leçons d'hygiène, 5ᵉ éd. *Delalain* 1 40
☞ **Mad. H. Meunier**. Le docteur au village : hygiène. *Hachette* . . . . » 90
1071. **Fonssagrives**. Entretiens familiers sur l'hygiène. *Delagrave*. 2 45
1072. **Fonssagrives**. La maison. *Delagrave* 2 45
4042. **Vigouroux**. Les tablettes du docteur. *Masson* 2 80
50. **Saffray**. Les moyens de vivre longtemps. in-16. 53 fig. *Hachette*. » 37
1073. **Moleschott**. De l'alimentation et du régime. *Masson*. . » 80
4043. **Gautier**. Traité des aliments et des boissons. *Lebroc*. 1 50
4044. **Lefebvre**. Les aliments. in-8. 110 vign. *Hachette*. . . 1 10
4045. **Riant**. L'alcool et le tabac. in-16. 35 fig. *Hachette*. . » 37
1074. **Layet**. Hygiène des professions et des industries *J. B. Baillière* . . . . 4 »
1075. **Donné**. Conseils aux mères sur la manière d'élever leurs enfants nouveau-né. *J. B. Baillière* 2 40
4046. **Pye-Chevasse**. Conseils à une mère sur la manière d'élever ses enfants. *Masson* 1 20
4047. **Deraine**. De la santé des petits enfants. in-16. *Savy*. » 75
1076. **Fonssagrives**. L'éducation physique des garçons. *Delagrave* 2 45
1077. **Fonssagrives**. L'éducation physique des filles. *Delagrave* 2 45

Gymnastique.

51. **Paz**. La gymnastique raisonnée. 150 fig. *Marpon* . . 2 45

4048. **Heyser**. Gymnastique raisonnée. in-8. 123 fig. *Masson.* 4 80
1078. **Laisné**. Notions pratiques sur les exercices du corps. in-8. *Bernheim* 1 15
1079. **Schreber**. Gymnastique de chambre. in-8. 45 fig. *Masson* 2 40
1080. **Depping**. Les merveilles de la force et de l'adresse. 69 vign. *Hachette* 1 60

Médecine.

☞ **Mlle Nightingale**. Des soins à donner aux malades. *Didier* 2 10
52. **Saffray**. La médecine à la maison. in-16. 53 fig. *Hachette* . . . . » 37
4049. **Saint-Vincent**. La médecine des familles. 142 fig. *J. B. Baillière.* . . . . * 2 80
4050. **Beaugrand**. La médecine et la pharmacie usuelles. *Hachette* 1 50
53. **Smée**. Les accidents, secours à donner en cas d'absence de l'homme de l'art. 36. fig. *Gauthier-Villars.* 1 »
4051. **Instruction** du ministre de la guerre sur les soins à donner aux noyés et aux asphyxiés. in-8. *Baudoin* . » 25
3068. **Fournol**. Le choléra et la fièvre typhoïde. *Dentu.* . 1 40
1081. **Fonssagrives**. Le rôle des mères dans les maladies des enfants. *Delagrave.* 2 45

Origine de l'homme, ethnologie.

1082. **Figuier**. L'homme primitif. gr. in-8. 296 vign. *Hachette* **7 50
1083. **Saffray**. Histoire de l'homme. in-16. 85 fig. *Hachette.* » 37
3069. **Lyell**. L'ancienneté de l'homme prouvée par la géologie. in-8. 182 fig. *J. B. Baillière.* 12 80
3070. **Joly**. L'homme avant les métaux. in-8. 150 fig. *Baillière.* *4 20
4052. **Figuier**. Les races humaines. gr. in-8. 8 chromos, 268 vign. *Hachette.* **7 50
4053. **Hovelacque**. Les races humaines. 21 vign. *Cerf.* . . . » 70
3071. **Maury**. La terre et l'homme. *Hachette* 4 50

Bm. — Systèmes scientifiques contemporains.

Théories évolutionnistes.

3072. **Darwin**. L'origine des espèces au moyen de la sélection naturelle. in-8. *Reinwald* , ... *5 »

3073. **Darwin.** La descendance de l'homme et la sélection
sexuelle. in-8. fig. *Reinwald* *9 40

3074. **Darwin.** L'expression des émotions chez l'homme et
les animaux. in-8. 28 vign. *Reinwald* . . . . *8 »

3075. **Hœckel.** Histoire de la création des êtres organisés
d'après les lois naturelles. in-8. 35 vign. *Reinwald.* *12 »

3076. **Hœckel.** Anthropogénie, histoire de l'évolution
humaine. in-8. 210 vign. *Reinwald* *14 40

3077. **Wallace.** La sélection naturelle. in-8. *Reinwald* . . . *6 »

3078. **Schmidt.** La descendance de l'homme et le darwinisme. in-8. 25 fig. *Baillière.* *4 20

4054. **Ferrière.** Le darwinisme. in-16. *Baillière* . . . . . . » 42

4055. **E. de Hartmann.** Le darwinisme, le vrai et le faux de
cette théorie. *Baillière.* 1 75

4056. **Büchner.** L'homme selon la science. in-8. 32 vign.
Reinwald 5 25

Systèmes en opposition avec le darwinisme.

1084: **De Quatrefages.** L'espèce humaine. in-8. *Baillière* . . *4 20

4057. **De Quatrefages.** Ch. Darwin et ses précurseurs français. in-8. *Baillière* 3 50

3079. **Gaudry.** Enchaînements du monde animal dans les
temps géologiques. 2 vol. gr. in-8. 597 vign. *Savy.* 16 »

Systèmes sur diverses branches de la science.

3080. **Fontenelle.** Entretiens sur la pluralité des mondes, éd.
Boillot. in-16. *Baillière* . . . . » 42

1085. **Flammarion.** La pluralité des mondes habités. 5 pl.
Marpon 2 45

4058. **Richard.** Origine et fin des mondes. in-16. *Baillière.* » 42

4059. **Saigey.** La physique moderne, essai sur l'unité des
phénomènes physiques. *Baillière* 1 75

3081. **Secchi.** L'unité des forces physiques. in-8. 63 vign.
Savy . . . . 12 »

54. **Draper.** Les conflits de la science et de la religion.
in-8. *Baillière* *4 20

3082. **Letourneau.** La biologie. 113 fig. *Reinwald* 3 40

3083. **Bastian.** Le cerveau, organe de la pensée. 2 vol.
in-8. 305 fig. *Baillière.* *8 40

3084. **Perrier.** Les colonies animales et la formation des organismes. gr. in-8. 2 pl. 158 vign. *Masson.* . . 13 50

3085. **Topinard.** L'anthropologie. 52 fig. *Reinwald* 3 75

4060. **Girard de Rialle.** Les peuples de l'Asie et de l'Europe. in-16. *Baillière* . . . . » 42

4061. **Girard de Rialle.** Les peuples de l'Afrique et de l'Amérique. in-16. *Baillière* . . . . » 42

4062. **Letourneau.** La sociologie d'après l'ethnographie. *Reinwald* 3 75

3086. **Hovelacque.** La linguistique. *Reinwald.* . . . . 3 »

C. — AGRICULTURE

Ca. — Agronomes, agriculteurs.

4063. **Muller.** Les apôtres de l'agriculture. in-8. 33 vign. *Hachette.* 1

Cb. — L'art agricole.

Sciences appliquées à l'agriculture.

3087. **Malaguti.** Chimie appliquée à l'agriculture. 3 vol. *Delagrave* . . . . 8 »

☞ **Malaguti.** Petit cours de chimie agricole. in-16. 22 fig. *Delagrave* *1 05

3088. **Bobierre.** Leçons de chimie agricole. in-8. carte, fig. *Masson* 4 80

3089. **Pouriau.** Sciences physiques appliquées à l'agriculture. 2 vol. 218 fig. *Hetzel* 9 35

3090. **Pouriau.** Manuel du chimiste agriculteur. 148 fig. *Hetzel.* 4 »

☞ **Fabre.** Chimie agricole. 4 fig. *Delagrave* . . . . . . *» 90

Ouvrages généraux de pratique agricole.

1086. **Dombasle.** Calendrier du bon cultivateur. 39 vign. *Lib. agricole* . . . . ** 3 60

☞ **Dombasle.** Abrégé du calendrier du bon cultivateur. *Lib. agricole* 1 15

1087. **Comte de Gasparin.** Cours d'agriculture. 6 vol. in-8. 235 vign. *Lib. agricole.* 27 65

1088. La maison rustique du 19e siècle. 5 vol. in-4. 2500
vign. *Lib. agricole*. 27 65
1089. Joigneaux. Le livre de la ferme. 2 vol. in-4. 1720
vign. *Masson* **24 40
☛ Joigneaux. Causeries sur l'agriculture et l'horticulture.
27 vign. *Lib. agricole* 2 45
1090. Dubost. Comptabilité de la ferme. *Lib. agricole*. . . » 85
3091. Sauvage. Comptabilité agricole. 3 cahiers in-4. *Dupont*. 2 25
3092. Pidolot. Comptabilité agricole. in-8. *Dupont*. *2 25

Cc. — Culture des champs.

Principes d'agriculture.

☛ Joigneaux. Les champs et les prés. *Lib. agricole* . . » 85
55. Borie. Les travaux des champs. 121 vign. *Lib. agricole*. » 85
☛ Baudry et **Jourdier**. Catéchisme d'agriculture. 89 fig.
Masson . . . . » 80
4064. Rendu. Notions élémentaires d'agriculture. in-16. 20
fig. *Hachette* . . . . *» 60

Outillage.

56. Jourdier. Le matériel agricole. 3e éd. 206 vign. *Goin*. 2 45
1091. Lefour. Culture générale et instruments aratoires.
135 vign. *Lib. agricole*. . . . . » 95

Culture du sol.

4065. Lefour. Sol et engrais. 54 vign. *Lib. agricole*. . . . » 85
1092. Rendu. Culture du sol. 41 fig. *Hachette* . . . . . . » 90
57. Heuzé. Les matières fertilisantes. in-8. 41 vign.
Lib. agricole. 6 30
1093. Landrin. Fabrication et application des engrais. 2 vol.
in-16. fig. *Roret*. 1 75
4066. Menault. Les engrais. in-16. 12 vign. *Hachette* . . . » 37
4067. Puvis. Traité des amendements. *Lib. agricole*. . . . 2 45
58. Pierre. Chaux, marne et calcaires coquilliers. *Goin* » 35
59. Pierre. Plâtrage et sulfatage du fumier. *Goin*. . . . » 35
☛ Girardin. Des fumiers et autres engrais animaux. 60
fig. *Masson* 2 80
4068. Touchet. Vidange agricole. 19 fig. *Hetzel* . . . . . » 65

4069. **Delagarde**. Les engrais perdus dans les campagnes. *Goin* 1 05
60. **Bobierre**. Simples notions sur l'achat et l'emploi des engrais commerciaux. in-16. 2 pl. *Masson* . . 1 60
4070. **Ville**. L'école des engrais chimiques. *Lib. agricole* . . » 70
4071. **Mussa**. Pratique des engrais chimiques. *Lib. agricole* » 85

Drainage, irrigations.

61. **Barral**. Drainage des terres arables. 2 vol. 452 fig. *Lib. agricole* 4 90
62. **Barral**. Irrigations, engrais liquides et améliorations foncières. 120 fig. *Lib. agricole* **5 25
4072. **Kiehlmann**. Guide pratique du drainage. fig. *Hetzel* 1 35
4073. **Muller et Villeroy**. Manuel des irrigations. 123 vign. *Lib. agricole* 2 45
4074. **Vidalin**. Pratique des irrigations en France et en Algérie. 22 vign. *Lib. agricole* . . . . » 85

Culture des plantes.

1094. **Masure**. Leçons élémentaires d'agriculture. 2 vol. 52 vign. *Lib. agricole* 4 90
1095. **Rendu**. Culture des plantes. *Hachette*. . . . . . . » 90
1096. **Riondet**. L'agriculture de la France méridionale. *Lib. agricole* 2 45
63. **Heuzé**. Plantes alimentaires. 2 vol. in-8 et atlas de céréales, 244 vign. *Lib. agricole* . . . . 21 »
64. **Jourdeuil**. Culture du houblon. *Delagrave*. 1 50
1097. **Heuzé**. Plantes oléagineuses. 30 vign. *Lib. agricole* . . » 85
4075. **Gobin**. Culture des plantes fourragères. 2 vol. 120 fig. *Hetzel*. . . . . 4 »
65. **De Moor**. Prairies. 67 vign. *Goin*. . . . . » 90

Assolements.

4076. **Yvart**. Assolements, jachère et succession des cultures. 3 vol. in-16. *Roret*. 7 35
66. **Lecouteux**. Principes de la culture améliorante. *Lib. agricole* 2 45

Arboriculture agricole.

4077. **Huard**. Le noyer. 45 vign. *Lib. agricole*. . . . . . . » 85
67. **Riondet**. L'olivier. *Lib. agricole*. . . . . » 85

4078. **Reynaud**. Culture de l'olivier. *Hetzel*. 2 70
4079. **Koltz**. Culture du saule. 35 fig. *Hetzel*. 1 35

Cd. — Viticulture.

Culture de la vigne.

1098. **Rendu**. Ampélographie française. gr. in-8. carte.
    Masson 4 80
  68. **Guyot**. Culture de la vigne et vinification. 30 vign.
    Lib. agricole 2 45
3093. **Du Breuil**. Les vignobles et les arbres à fruits à
    cidre. 7 vign., 384 fig. *Masson* **4 80
4080. **Trouillet**. Culture de la vigne en plein champ, sans
    échalas, ni attaches. 15 vign. *Goin*. 1 75
4081. **Fleury-Lacoste**. Guide du vigneron (Savoie). *Hetzel* . . 2 »
4082. **D'Armailhacq**. Culture des vignes dans le Médoc. in-8.
    Goin. 4 90
4083. **Desforges**. Préservatif certain contre la gelée des
    vignes, in-8, 8 vign. *Lib. agricole*. . . . . *» 35
4084. **Sérigne**. Maladies de la vigne. *Hetzel*. . . . . 2 »
1099. **Barral**. La lutte contre le phylloxera. 87 vign. *Marpon* 2 45

Vinification.

  69. **De Vergnette-Lamotte**. Le vin. 3 pl. coloriées, 31 vign.
    Lib. agricole. 2 45
  70. **Ladrey**. L'art de faire le vin. 37 vign. *Savy*. . . . . 4 »
4085. **Dubief**. Vinification. *Hetzel*. . . . . 4 »
  71. **Machard**. Traité pratique des vins (méthodes de Bour-
    gogne et de Franche-Comté). *Bonvalot* 2 65
4086. **Maigne**. Manuel du sommelier. in-16. fig. *Roret* . . . 2 10
4087. **Brun**. Fraudes et maladies du vin. *Hetzel* . . . . . . 2 »

Ce. — Cultures coloniales.

  72. **Vallier**. Calendrier du cultivateur en Algérie. in-16.
    Jourdan. 1 50
  73. **Bertherand**. Hygiène du colon en Algérie. *L'auteur*. . » 60
1100. **Bourgoin**. Culture du caféier et du cacaoyer, et fa-
    brication du chocolat. *Hetzel*. 1 35
1101. **Bourgoin**. Culture de la canne à sucre. *Hetzel*. . . . 2 »
1102. **Sicard**. Culture du coton. 12 fig. *Hetzel*. 1 35

Cf. — Bétail, basse-cour.

Zootechnie.

74. **Sanson**. Economie du bétail. 5 vol. 236 vign. *Lib. agricole* 12 25

3094. **Pierre**. Recherches sur la valeur nutritive des fourrages. *Goin* 1 75

75. **Pierre**. De l'alimentation du bétail. *Goin* 1 75

3095. **Wolff**. Etude sur l'alimentation rationnelle des animaux domestiques. *Lib. agricole* 2 45

76. **Sanson**. Hygiène des animaux domestiques. in-8. *Masson* 3 20

☞ **Sanson**. Notions usuelles de médecine vétérinaire. 13 vign. *Lib. agricole* . . . . » 85

4088. **Gayot**. Aménagement des écuries et étables. 65 fig. *Hetzel* . . . . 2 »

Races bovines.

77. **Villeroy**. Manuel de l'éleveur de bêtes à cornes. 65 vign. *Lib. agricole* . . . . » 85

1103. **Vial**. Engraissement du bœuf. 12 vign. *Lib. agricole* . . . . » 85

3096. **Magne**. Races bovines. *Garnier* 3 75

1104. **De Dampierre**. Races bovines. 28 vign. *Lib. agricole*. » 85

78. **Tisserant**. Guide dans le choix des vaches laitières. *Savy* 2 80

1105. **Dubos**. Guide pour le choix de la vache laitière. 7 pl. *Hetzel* 1 35

4089. **Menault**. Le vacher et le bouvier. in-16. 25 vign. *Hachette* . . . . » 37

Races ovines.

79. **Villeroy**. Manuel de l'éleveur de bêtes à laine. 54 vign. *Lib. agricole*. 2 45

3097. **Bénion**. Traité complet de l'élevage et des maladies du mouton. 81 fig. *Asselin*. *7 20

80. **Lefour**. Le mouton. 76 vign. *Lib. agricole* 2 45

1106. **Sanson**. Les moutons. 56 vign. *Lib. agricole* . . . » 85

3098. **Magne**. Races ovines. *Garnier* 2 25

4090. **Menault**. Le berger. in-16. 23 vign. *Hachette* . . . . » 37

Races chevalines.

81. **Villeroy**. Manuel de l'éleveur de chevaux. 2 vol. in-8. 121 vign. *Lib. agricole* 8 40
82. **Lᵗ-Colonel Basserie**. Manuel hippique sommaire de l'éleveur et du cultivateur. *Goin* . . . . » 70
1107. **Du Hays**. Conseils aux éleveurs de chevaux. fig. *Goin* 2 45
3099. **Magne**. Races chevalines. *Garnier* . . . . 6 »
4091. **Du Hays**. Cheval percheron. 176 vign. *Lib. agricole*. . » 85
3100. **Magne**. Choix et nourriture du cheval. vign. *Garnier*. 2 65
4092. **Stewart**. Conseils aux acheteurs de chevaux. fig. *Goin* 2 45
1108. **Gayot**. Achat du cheval. 25 vign. *Lib. agricole* . . . » 85
3101. **Bixio**. De l'alimentation des chevaux. in-4. *Lib. agricole* 2 80
4093. **Lefour**. Cheval, âne et mulet. 136 vign. *Lib. agricole*. » 85

Races porcines.

☞ **Heuzé**. Le porc. 50 vign. *Lib. agricole* 2 45
1109. **Léouzon**. Manuel de la porcherie. 38 vign. *Lib. agricole* . . . . » 85
3102. **Magne**. Races porcines. *Garnier* 1 50
1110. **Du traitement des porcs**, méthodes anglaises. 65 vign. *Goin* 1 40

Basse-cour.

83. **Mad. Millet-Robinet**. Basse-cour, pigeons et lapins. 26 vign. *Lib. agricole* . . . . » 85
☞ **Rendu**. La basse-cour. in-16. 14 vign. *Hachette*. . . » 37
☞ **Jacque**. Le poulailler. 117 vign. *Lib. agricole*. . . . 2 45
1111. **Gayot**. Poules et œufs. 40 vign. *Lib. agricole* . . . . » 85
1112. **Mariot-Didieux**. Education lucrative des poules. *Hetzel* 2 35
4094. **Pelletan**. Pigeons, dindons, oies et canards. 20 vign. *Lib. agricole*. . . . . » 85
1113. **Gayot**. Le pigeon. *Dentu* 2 50
1114. **Mariot-Didieux**. Education lucrative des oies et des canards. 24 fig. *Hetzel* 1 65
1115. **Mariot-Didieux**. L'éducation lucrative des lapins et l'art de mégisser leurs peaux. *Hetzel* 1 65
1116. **Huard**. La chèvre. 42 vign. *Lib. agricole* . . . . . . » 85

Cg. — Industries agricoles.

Travaux de ferme.

84. **Villeroy.** Laiterie, beurre et fromages. 59 vign. *Lib. agricole* 2 45
85. **Pouriau.** La laiterie. 306 vign. *Lebroc* 3 75
86. **Joigneaux.** Conseils à la jeune fermière. 14 vign. *Masson* . . . . » 80

Apiculture.

87. **De Frarière.** Les abeilles. 23 vign. *Hachette.* 2 25
88. **Hamet.** Cours pratique d'apiculture. 164 vign. *Goin.* 2 65
1117. **Ribeaucourt.** Manuel d'apiculture rationnelle. in-16. 13 vign. *Sandoz.* 1 05
4095. **L'abbé Sagot.** Les abeilles. 13 vign. *Lib. agricole* . . 1 40
4096. **De Layens.** Les abeilles, élevage par les procédés modernes. *Goin* 1 75

Sériciculture.

1118. **Boullenois.** Conseils aux nouveaux éducateurs de vers à soie. in-8. *Lib. agricole* 2 45
4097. **Gobin.** Mûriers et vers à soie. fig. *Lebroc.* 2 65
3103. **Pasteur.** Études sur la maladie des vers à soie. 2 vol. gr. in-8. 37 pl. et fig. *Gauthier-Villars.* . . . . . . 16 »
1119. **Roman.** Manuel du magnanier, d'après les théories de M. Pasteur. 6 pl. en couleur. *Gauthier-Villars.* 3 60
4098. **Masquard.** Les maladies des vers à soie. in-8. *Lib. agricole* 1 25

Exploitations diverses.

3104. **Gora.** Fabrication du fromage. in-8. fig. *Roret* . . . 3 50
1120. **Touaillon.** Meunerie, boulangerie, vermicellerie. in-8. *Lib. agricole.* 4 90
3105. **Dubief.** Guide du féculier et de l'amidonnier. 4 fig. *Hetzel.* 2 70
3106. **Mulder.** L'art de faire la bière. *Hetzel* . . . .
3107. **Bosc.** Traité de la tourbe. in-8. 26 fig. *Lefèvre* . . . 3 60
3108. **Dromard.** Carbonisation des bois en forêts. 34 fig. *Hetzel.* 1 70

Ch. — Horticulture.

Art du jardinage.

89. **Poiteau, Vilmorin.** Le bon jardinier. *Lib. agricole* . . **4 90
90. Gravures du bon jardinier, 700 pl. *Lib. agric* **4 90
3109. **Decaisne et Naudin.** Manuel de l'amateur de jardins. 4 vol. in-8. 800 vign. *Lib. agricole* . . . . 21 »
1121. **Cte de Lambertye.** Éléments de jardinage. fig. *Goin*. . » 70
91. **Courtois-Gérard.** Manuel de jardinage. fig. *Hetzel*. . 3 35
1122. **Joigneaux.** Conférences sur le jardinage : légumes et fruits. *Lib. agricole* . . . . » 85
4099. **Lebeuf.** Engrais des jardins. in-16. *Rorel* . . . . . . » 85

Potager.

☞ **Joigneaux.** Le jardin potager. 92 vign. en couleur. *Lib. agric.* 4 20
92. **Joigneaux.** Traité des graines de la grande et de la petite culture. 34 vign. *Lib. agricole* . . . . » 85
93. **Cte de Lambertye.** Conseils sur les semis et la culture des légumes en pleine terre. *Goin* . . . . . » 70
94. **Cte de Lambertye.** Culture du fraisier en pleine terre. *Goin* . . . . » 70
1123. **Glœde.** Les bonnes fraises. fig. *Goin* 1 40
☞ **Courtois-Gérard.** Manuel de culture maraîchère. 89 fig. *Hetzel.* 3 35
1124. **Courtois-Gérard.** De la culture maraîchère dans les petits jardins. in-16. 15 vign. *Savy* . . . . » 75
☞ **Rendu.** Petit traité de culture maraîchère. in-16. 39 vign. *Hachette* . . . . » 37
4100. **Ponce.** Culture maraîchère des environs de Paris. 15 pl. *Lib. agricole* . . . . » 85
4101. **Vialon.** Le maraîcher bourgeois. *Lib. agricole* . . . . » 85

Verger.

☞ **Du Breuil.** Instruction élémentaire sur la conduite des arbres fruitiers. 191 fig. *Masson.* . . . . 2 »
3110. **Du Breuil.** Principes généraux d'arboriculture. 176 vign. *Masson* 2 80
3111. **Du Breuil.** Arbres et arbrisseaux à fruits de table. vign. *Masson.* **6 40

95. **Baltet.** L'art de greffer les arbres. 127 vign. *Masson.* 3 20

3112. **Hardy.** Taille et greffe des arbres fruitiers. in-8.
140 vign. *Lib. agricole.* 4 15

4102. **Carrière.** Semis et mise à fruit des arbres fruitiers.
Lib. agricole. 1 40

96. **Carrière.** Les pépinières. 29 vign. *Lib. agricole* . . . » 85

4103. **Jamin.** Les fruits à cultiver. *Masson.* 1 20

4104. **Baltet.** Culture du poirier. vign. *Masson.* . . . . . » 80

4105. **Lachaume.** Poiriers, pommiers et autres arbres fruitiers. 47 vign. *Lib. agricole* 1 75

Arbres d'ornement.

4106. **Dupuis.** Arbres d'ornement de pleine terre. 40 vign.
Lib. agricole. . . . . » 85

4107. **Dupuis.** Arbrisseaux et arbustes d'ornement de pleine
terre. 25 vign. *Lib. agricole* . . . . » 85

Fleurs.

3113. **Vilmorin-Andrieux.** Les fleurs de pleine terre. in-8.
1280 vign. *Lib. agricole.* **8 40

97. **Lemaire et Lequien.** Le jardin fleuriste. 200 vign. *Goin.* 2 45

98. **Lemaire et Lequien.** Guide pour bouturer, greffer,
marcoter et semer (extrait du précédent). 35 vign.
Goin . . . . » 70

1125. **Cte de Lambertye.** Fleurs de pleine terre et de fenê-
tres. *Goin* . . . . » 70

1126. **Courtois-Gérard.** De la culture des fleurs dans les petits
jardins. in-16. 15 vign. *Savy.* . . . . » 75

4108. **Marx Lepelletier.** Roses, pensées, violettes, etc. *Lib.
agricole* . . . . » 85

4109. **Lachaume.** Le rosier. 34 vign. *Lib. agricole.* . . . . » 85

4110. **Delchevalerie.** Les orchidées. 32 vign. *Lib. agricole* . . » 85

4111. **Lemaire.** Les cactées. 11 vign. *Lib. agricole.* . . . . » 85

Ci — Sylviculture.

3114. **Bagneris.** Manuel de sylviculture. *Levrault* 2 80

3115. **Puton.** Manuel de législation forestière. *Goin.* . . . 2 45

3116. **Bazelaire.** Manuel du cantonnement des droits d'usage.
in-8. *Levrault.* 1 35

Cj — Chasse et pêche.

Chasse.

4112. **La Vallée**. La chasse à tir en France. 30 vign. *Hachette.*　2 25
1127. **Vte de la Neuville**. La chasse au chien d'arrêt. 10 vign. *Dentu* . . . .　2 50
4113. **Deyeux**. Le vieux chasseur. in-16. 55 vign. *Dentu.*　» 70
3117. **Clater**. Le chasseur médecin, traité des maladies du chien. *Hetzel.* . . . .　1 35
　99. **Victor Meunier**. Les grandes chasses. 30 vign. *Hachette.*　1 60

Animaux utiles et nuisibles.

100. **Bonjean**. Conservation des oiseaux utiles à l'agriculture. in-16. *Garnier.* . . . .　» 40
4114. **De Beaupré**. Les animaux protecteurs de l'agriculture. vign. *Fischbacher.* . . . .　*» 45
4115. **La Blanchère**. Les oiseaux utiles et les oiseaux nuisibles. in-16. 150 vign. *Rothschild.* . . . .　*3 　»
4116. **La Blanchère**. Les ravageurs des vergers et des vignes. in-16. 160 vign. *Rothschild* . . . .　*2 80
4117. **Gobin**. Entomologie agricole. 21 vign. *Hetzel.* . . . .　2 　»
101. **Rendu**. Les insectes nuisibles. 47 vign. *Hachette.* . .　2 25

Pêche d'eau douce.

1128. **Alph. Karr**. La pêche en eau douce et en eau salée. *Lévy.* . . . .　» 70
1129. **Poitevin**. Traité pratique de la pêche à toute ligne. 102 vign. *Masson.* . . . .　2 80
4118. **Jobey**. Conseils pour la pêche à la ligne. 35 vign. *Goin.*　1 05
4119. **Dillaye**. Lignes et filets. in-16. 43 vign. *Hachette.* . .　» 42

Pisciculture.

3118. **Gauckler**. Les poissons d'eau douce et la pisciculture. in-8. 59 fig. *Baillière.* . . . .　5 60
4120. **Jourdier**. La pisciculture. 30 vign. *Hachette.* . . . . .　1 50
3119. **Koltz**. Traité de pisculture pratique. 54 vign. *Masson.*　2 　»
3120. **Fraîche**. Guide de l'ostréiculteur. 25 fig. *Hetzel.* . . .　2 70

Pêches maritimes.

102. **Victor Meunier**. Les grandes pêches. 78 vign. *Hachette.*　1 60
103. **Sauvage**. La grande pêche. 86 vign. *Jouvet.* . . . . .　1 50

4121. **Jouan**. La chasse et la pêche des animaux marins.
in-16. *Baillière* . . . . » **42**
104. **Deherrypon**. La boutique de la marchande de poissons.
Hachette. . . . . » **90**

D. — ÉCONOMIE DOMESTIQUE

Da. — Ménage, travaux de femmes.

4122. **Mad. Hippeau**. Cours d'économie domestique. *Hetzel*. 2 10
4123. **Leneveux**. Le budget du foyer. in-16. *Baillière* . . . » **42**
1130. **Mad. Valette**. La journée de la petite ménagère.
122 fig. *Weill*. . . . . * » **85**
☞ **Mad. Millet-Robinet**. La maison rustique des dames
2 vol. 239 vign. *Lib. agricole* . . . .** 5 50
4124. **Mad. Millet-Robinet**. Economie domestique (extrait du
précédent). 77 vig. *Lib. agricole* . . . . » **85**
4125 **Bodin**. Conseils aux jeunes filles qui doivent devenir
fermières. in-16. *Delagrave*. . . . . * » **45**
4126. **Mad. Regnard**. Manuel des travaux à l'aiguille. 90 fig.
Hachette. 1 50
4127. **Mad. Raymond**. Leçons de couture. 364 fig. *Didot*. . 3 »
☞ **Mlle Hirtz**. Méthode de coupe et de confection pour
vêtements de femmes et d'enfants. 154 fig. *Hetzel*. 2 35
4128. **Mad. Giroux**. Traité de la coupe et de l'assemblage
des vêtements de femmes et d'enfants. fig. *Hachette*. * 1 15

Db. — Recettes.

4129. **Bitard**. Le livre de la maîtresse de maison *Dreyfous*. * 3 15
4130. **Lunel**. Guide d'économie domestique. *Hetzel* 1 35
105. **Beleze**. Le livre des ménages. *Hachette* 2 25
4131. **Mesd. Pariset et Celnart**. La maîtresse de maison.
in-16. *Roret*. 1 75
4132. **Dubief**. Fabrication des liqueurs françaises et étrangères sans distillation. *Hetzel* 3 35
4133. **Dubief**. Le liquoriste des dames. 2 fig. *Hetzel* . . . 2 »

E. — INDUSTRIE

Ea. — Inventeurs, industriels, ouvriers.

106. Figuier. Gutenberg. *Marpon* . . . . » 70
107. Jonveaux. Histoire de 3 potiers célèbres. *Hachette*. . » 90
1131. Labouchère. Oberkampf. *Hachette*. . . . . » 90
108. Smiles. La vie des Stéphenson. *Plon* . . . . 3 »
1132. Passy. Le petit Poucet du 19e siècle, Stéphenson.
    27 vign. *Hachette* . . . . » 75
☞ Jonveaux. Histoire de 4 ouvriers anglais. *Hachette*. . » 90
1134. Barrué. Edison. *Dentu*. . . . . » 70
1135. Gœpp. Grands industriels français. 4 vign. *Ducrocq*. . 2 10
1136. Sachot. Inventeurs et inventions. 31 vign. *Garnier* . 1 50
1133. Fabre. Les inventeurs et leurs inventions. in-8. 128 fig.
    ou vign. *Delagrave* 2 45

Eb. — Découvertes et inventions.

Inventions scientifiques.

☞ Figuier. Les merveilles de la science. 4 vol. in-4.
    1817 vign. *Jouvet* . . . . **28 »
4137. Maigne. Histoire de l'industrie. 148 vign. *Belin*. . . 2 65
1134. Fournier. Le vieux-neuf. 3 vol. *Dentu* 10 50
1135. Guillemin. La vapeur. 113 vign. *Hachette* 1 60
☞ Bureau. La vapeur, ses principales applications.
    48 vign. *Degorce*. 1 75
4138. Muller. La machine à vapeur. *Hachette* . . . . » 90
3121. Baille. Merveilles de l'électricité. 71 vign. *Hachette*. . 1 60
4139. Muller. Les voyages de la pensée. in-16. 29 vign.
    Hachette. . . . . » 42
109. Tissandier. Ballons et navigation aérienne. in-16. 36
    vign. *Dreyfous*. . . . . » 35
1136. Marion. Les ballons. 30 vign. *Hachette* 1 60
☞ Figuier. Les aérostats. 53 vign. *Jouvet* 1 50
4140. Zurcher et Margollé. Télescope et microscope. in-16.
    Baillière. . . . . » 42
110. Deherrypon. Merveilles de la chimie. 51 vign. *Hachette* 1 60
☞ Tissandier. La houille. 50 vign. *Hachette* 1 60

Méthodes et procédés industriels.

☞ **Figuier**. Les merveilles de l'industrie. 4 vol. in-4. 1404 vign. *Jouvet*. . . . .**28 »

1137. **Poiré**. La France industrielle. gr. in-8. 422 vign. *Hachette*. 7 50

1138 **Turgan**. Les grandes usines. 14 vol. in-4 illustrés. *Lévy* . . . . 126 »

4141. **Maigne**. Arts et manufactures. 3 vol. vign. *Belin* . . *6 75

Industries de l'outillage agricole et industriel.

111. **Graffigny**. Les moteurs anciens et modernes. 106 vign. *Hachette*. 1 60

1139. **Simonin**. La vie souterraine. in-4. 30 cartes en couleurs, 170 vign. ou grav. *Hachette* **22 50

112. **Deherrypon**. La boutique du charbonnier. 27 vign. *Hachette*. . . . . » 90

3122. **Delon**. Mines et carrières. in-16. 37 fig. *Hachette*. . . » 37

1140. **Garnier**. Le fer. 70 vign. *Hachette*. 1 60

3123. **Delon**. Le fer, la fonte et l'acier. in-16. 33 fig. *Hachette* » 37

3124. **Delon**. Le cuivre et le bronze. in-16. 29 fig. *Hachette*. » 37

113. **Marzy**. L'hydraulique. 60 vign. *Hachette*. 1 60

Industries se rapportant aux besoins personnels de l'homme.

1141. **Lefebvre**. Le sel. 49 vign. *Hachette* 1 60

4142. **Lefebvre**. Un grain de sel. in-16. 27 vign. *Hachette*. . » 42

114. **Muller**. La boutique du marchand de nouveautés. *Hachette*. . . . . » 90

1142. **Mad. Drohojowska**. La teinture et l'impression des tissus. *Dupont*. 1 50

115. **Viollet-Leduc**. Histoire de l'habitation humaine. gr. in-8. 104 vign. *Hetzel* **6 30

☞ **Figuier**. L'éclairage. 30 vign. *Jouvet* 1 50

1143. **Mad. Drohojowska**. L'éclairage. *Dupont*. 1 50

1144. **Sauzay**. La verrerie. 66 vign. *Hachette* 1 60

4143. **Muller**. Quelle heure est-il? in-16. 25 vign. *Hachette*. » 42

Industries se rapportant aux besoins de l'homme en société.

4144. **Deharme**. Les merveilles de la locomotion. 77 vign. *Hachette*. 1 60

➤ Guillemin. Les chemins de fer. 111 vign. *Hachette* . .	1 60
4145. Lévy. Le cheval de feu. in-16. 33 vign. *Hachette.* .	» 42
1145. Hélène. Les galeries souterraines. 66 vign. *Hachette.*	1 60
4146. Leclert La voile, la vapeur et l'hélice. in-16. *Hachette*	*» 20
117. Renard. Les merveilles de l'art naval. 50 vign. *Hachette*	1 60
4147. Delon. La maison flottante. in-16. 16 vign. *Hachette.*	» 42
1146. Renard. Les phares. 38 vign. *Hachette*	1 60
4148. F. de Lesseps. Le percement de l'isthme de Suez. in-16. *Hachette*	*» 20
4149. Cezanne. Du câble transatlantique. in-16. *Hachette.* .	*» 20
1147. Fonvielle. La pose du premier câble. *Hachette* . . .	» 90
1148. Simonin. L'or et l'argent. 67 vign. *Hachette*	1 60
1149. Delon. Histoire d'un livre. in-8. vign. *Hachette.* . .	1 10
4150. Tissandier. La photographie. 80 vign. *Hachette*. . . .	1 60
1150. Dieulafait. Diamants et pierres précieuses. 130 vign. *Hachette.*	1 60
1151. Hélène. La poudre à canon. 44 vign. *Hachette* . . .	1 60

Ec — Sciences appliquées à l'industrie.

3125. Payen. Précis de chimie industrielle. 3 vol. pl. *Hachette*.	25 60
3126. Girardin. Leçons de chimie élémentaire appliquée aux arts industriels. 5 vol. in-8. vign. *Masson.* .	40 »
4151. Noguès. Guide pratique de minéralogie appliquée. 2 vol. 248 fig. *Hetzel*	6 65
3127. Normand, Douliot, Kraft. Cours de dessin industriel. in-8 et atlas. *Hachette*	5 65
3128. Guiguet. Dessin industriel. in-4 et atlas in-fol. 46 pl. *Jouvet*.	14 70

Ed — Arts et métiers.

Produits chimiques.

4152. Lormé. Manuel du fabricant de produits chimiques. 4 vol. in-16 et atlas in-8. 16 pl. *Roret*	12 60

3129. **Fresenius** et **Will**. Guide pour reconnaître le titre véritable des potasses, soudes, cendres, acides, manganèses. 9 fig. *Hetzel* 1 35

Forces motrices.

3130. **Jaunez**. Manuel du chauffeur de machine à vapeur. 37 fig. *Hetzel*. . . . .   2 »

4153. **Bureau**. Manuel des chauffeurs et des constructeurs de machines à vapeur. 111 fig. *Garnier*. 3 75

3131. **Thurston**. Histoire de la machine à vapeur. 2 vol. in-8. fig. *Baillière*. *8 40

3132. **Armengaud**. Guide de mécanique pratique. 134 fig. *L'auteur*. 3 20

3133. **Dinée** et **Ortolan**. L'ouvrier mécanicien. 52 pl. *Hetzel*.   8 »

3134. **Dinée**. Tracé et construction des engrenages. 17 pl. *Hetzel*. 2 35

3135. **Laffineur**. Hydraulique et hydrologie souterraine et superficielle. 12 fig. *Hetzel* 2 35

Métallurgie.

3136. **Landrin**. Le maître de forges, 2 vol. in-16. pl. *Roret*.   4 20

1152. **Fairbairn**. Le fer. 68 fig. *Hetzel*. 2 70

3137. **Landrin**. Traité de l'acier. 16 fig. *Hetzel*. 3 35

3138. **Dessoye**. Emploi de l'acier. *Hetzel*. 2 70

1153. **Guettier**. Guide pratique des alliages métalliques. *Hetzel*   2 35

4154. **Gillot** et **Lockert**. Manuel du fondeur en fer, acier cuivre, bronze. 2 vol. in-16. fig. *Roret*. 4 90

3139. **Tissier**. L'aluminium, extraction et fabrication. 25 fig. *Hetzel*. . . . .   2 »

Autres industries d'outillage agricole et industriel.

3140. **Lebrun**. Bourrelier et sellier. in-16. fig. *Roret* . . .   2 10

4155. **Boitard**. Cordier. in-16. fig. *Roret* 1 75

Industries alimentaires.

4156. **Fontenelle**. Manuel du boulanger. 2 vol. in-16. pl. *Roret* 4 20

4157. **Lebrun**. Manuel du charcutier, du boucher, de l'équarrisseur. in-16. fig. *Roret* 2 10

3141. **Payen**. Précis des substances alimentaires et des moyens de les conserver et améliorer. in-8. *Hachette*. .   7 20

3142. **Lunel**. Guide pour reconnaître les falsifications des substances alimentaires. *Hetzel* 3 35

3143. **Singer**. Fraudes des denrées alimentaires, moyens de les reconnaître sans le secours de la chimie. *Lacroix* 2 40

3144. **Cailletet**. Essai et dosage des huiles. *Lacroix* . . 2 40

Vêtement.

3145. **Burel**. Tissage mécanique. in-16. fig. *Roret* 2 10

3146. **Bona**. Fabrication et composition des tissus. 116 pl. *Lacroix*.. . . . . 8 »

3147. **Toustain**. Dessin et fabrication des tissus. 2 vol. in-16 et atlas in-4 de 26 pl. *Roret* 10 50

3148. **Kœppelin**. Impression des étoffes de soie. 4 pl., 12 échantillons. *Lacroix* . . . . 8 »

3149. **Fontenelle**. Blanchiment et blanchissage. 2 vol. in-16. fig. *Roret* 4 20

3150. **Leroux**. Traité de la filature de la laine. 35 fig. *Hetzel* 10 »

3151. **Riffaut**. Manuel du teinturier. 2 vol. in-16. pl. *Roret*. 4 90

3152. **Fol**. Guide du teinturier, connaissances chimiques qui lui sont indispensables. 91 fig. *Hetzel*. . . . 5 35

3153. **Fontenelle**. Tanneur, corroyeur. in-16. pl. *Roret* . . 2 45

Industries du bâtiment.

3154. **Jossier**. Dictionnaire des ouvriers du bâtiment. gr. in-8. *Ducher* . . . . 6 »

3155. **Pernot**. Guide du constructeur, dictionnaire des mots techniques de la construction. *Hetzel*. . . . 3 35

3156. **Thiollet**. Vignole d'architecture. gr. in-4. 30 pl. *Ducher*. *6 40

3157. **Léveil**. Traité élémentaire pratique d'architecture. gr. in-4. 72 pl. *Garnier* . . . . 8 »

3158. **Michelinat**. Règles des 5 ordres d'architecture. in-folio. 14 pl. *Ducher* 4 80

3159. **Bataille**. La construction moderne, traité de l'art de bâtir. in-16 et atlas gr. in-8. de 44 pl. *Roret*. : . 10 50

1154. **Ramée**. L'architecture et la construction pratiques. in-8. 541 fig. *Didot* 4 50

☞ **Viollet-Leduc**. Comment on construit une maison. 62 dessins. *Hetzel* 2 70

3160. **Bona**. Manuel des constructions rurales. 200 vign. *Goin* 2 45

3161. **Demanet.** Maçonnerie. 137 fig. sur acier. *Hetzel* . .   3 35
3162. **Château.** Etudes des matériaux employés dans la
    construction. 2 vol. gr. in-8. grav. *Ducher* . . .   24 »
3163. **Chéry.** Pratique de la résistance des matériaux em-
    ployés dans la construction. in-8 et album de 30
    pl. *Ducher* . . . .   8 »
3164. **Toussaint.** Coupe des pierres. in-16, et atlas. *Roret* .   3 50
3165. **Malepeyre.** Manuel du briquetier et tuilier. 2 vol.
    in-16. fig. *Roret.* 4 20
3166. **Magnier.** Manuel du chaufournier, plâtrier, carrier.
    in-16. *Roret.* 2 45
3167. **Malo.** Fabrication et application de l'asphalte et des
    bitumes. 7 pl. *Hetzel* 2 70
3168. **Demont.** Traité de charpente. in-4. 38 pl. *Ducher* . .   *8 »
3169. **Hanus.** Manuel du charpentier. 2 vol. in-16, et atlas
    de 22 pl. *Roret* 4 90
1155. **Merly.** Livre de poche du charpentier, collection de
    140 épures avec texte. *Hetzel* 3 35
3170. **Demont.** Traité de serrurerie. in-4. 40 pl. *Ducher* . .   8 »
3171. **Husson.** Dictionnaire pratique du serrurier. *Ducher.* .   2 40
3172. **Bury.** Modèles de serrurerie. in-folio. 57 pl. avec
    texte. *Morel.* 12 80
3173. **Denfer.** Album de serrurerie. 100 pl. lithogra-
    phiées. gr. in-4. *Gauthier-Villars* 10 40
3174. **Paulin-Desormeaux.** Manuel du serrurier. in-16 et
    atlas de 16 pl. *Roret* 3 35
3175. **Sylvain.** Carnet du serrurier-constructeur. *Ducher* . .   5 40
3176. **Roubo.** L'art de la menuiserie. in-8 et album gr. in-4
    de 108 pl. *Juliot.* . . . .   24 »
3177. **Supplément** à l'art de la menuiserie : menuise-
    rie intérieure. in-8, et album de 96 pl. *Juliot* . .   28 80
3178. **Bury.** Modèles de menuiserie. in-folio. 72 pl. avec
    texte. *Morel* . . . .   16 »
3179. **Nosban et Maigne.** Manuel de menuiserie en bâti-
    ment. 2 vol. in-16. pl. *Roret* 4 20
3180. **Ducompex.** Traité de la peinture en bâtiment et du
    décor. gr. in-8. 4 pl. *Ducher.* . . . .   4 »
3181. **Riffault.** Peintre en bâtiments, vernisseur, vitrier.
    in-16. fig. *Roret* 2 10

3182. **Umé**. L'art décoratif, modèles de tous styles et de
toutes époques. 121 pl. *Ducher* . . . . *48 »

Industries des besoins domestiques.

3183. **Merlin**. Ameublement pratique. gr. in-4. 54 pl.
lithographiées. *Ducher*. . . . . 24 »
4158. **De Valicourt**. Manuel du tourneur. in-8. 27 pl. *Roret* 14 »
3184. **Nosban et Maigne**. Manuel de l'ébéniste. in-16. *Roret* 2 45
3185. **Violette**. Fabrication des vernis. 24 fig. *Hetzel* . . 4 »
3187. **Magnier**. Manuel du porcelainier, faïencier, potier
de terre. 2 vol. in-16. pl. *Roret* 3 50
4159. **Fontenelle**. Manuel du verrier. 2 vol. in-16 pl. *Roret* 4 20
3188. **Peligot**. Le verre, in-8. 200 fig. *Masson*. 11 20
3189. **Landrin**. Coutelier. in-16. *Roret*. 2 45
3190. **Gal Morin**. Manuel pratique du chauffage et de la
ventilation. in-8. 7 pl. *Hachette*. . . . . 6 »
3191. **Julien**. Manuel du chaudronnier et tôlier. in-16, et
atlas de 20 pl. *Roret* 3 50
3192. **Désormeaux, Ott, Maigne**. Manuel du tonnelier et du
boisselier. in-16. fig. *Roret* 2 10

Industries des besoins intellectuels.

☞ **Claye**. Manuel de l'apprenti compositeur. *Quantin* . . 2 »
1156. **Fournier**. Traité de la typographie. in-8. *Garnier* . . 3 75
3493. **Lenormand**. Manuel du fabricant de papiers et carton. 2 vol. in-16, et atlas. *Roret*. 7 35

Industries de luxe.

3194. **Lunel**. Guide pratique du parfumeur. *Hetzel*. . . . 3 35
3195. **Moreau**. Guide pratique du bijoutier. 2 pl. coloriées.
Hetzel. 1 35
3196. **Chevalier**. L'étudiant photographe. 69 vign. *Hetzel* . 2 »
1157. **Derosne**. La photographie pour tous, nouvelle méthode. *Gauthier-Villars*. 2 40
1158. **Dumoulin**. Photographie au collodion humide, à l'u-
sage des commençants. 7 fig. *Gauthier-Villars*. . 1 20

Travaux d'utilité publique.

De Gayffier. Manuel des ponts et chaussées :
1159. — Routes et chemins. in-16. pl. *Roret*. 2 45

3197. — Ponts et aqueducs en maçonnerie. in-16. pl. *Roret*   2 45
3199. **Birot.** Guide du conducteur des ponts et chaussées
  et de l'agent voyer. 2 vol. 144 fig. *Hetzel*. 5 35
3200. **Bouniceau.** Études et notions sur les constructions
  à la mer. 2 vol. 44 pl. *Hetzel* 12 60
3201. **Maleville.** Construction des chemins de fer. *Lacroix*   2 40
3202. **Cornet.** Album des chemins de fer, résumé gra-
  phique d'un cours à l'École centrale. 74 pl. sur
  acier. *Hetzel* 6 65
4160. **With.** Manuel des chemins de fer. 2 vol. in-16 et
  atlas. *Roret*. 4 90
3203. **Jacqmin.** Exploitation des chemins de fer, cours de
  l'École des ponts et chaussées. 2 vol. in-8. *Garnier*   12 »

F. — COMMERCE

Fa. — Pratique commerciale.

Législation, usages commerciaux.

1160. **Pigeonneau.** Manuel encyclopédique du commerce.
  in-8. *Fouraut*. **18 75
3204. **Bravard-Veyrières.** Manuel de droit commercial. in-8.
  Cotillon. 6 75
 118. **Périssat.** Éléments de droit commercial. *Cotillon* . .   1 40
4161. **Auger.** Les magasins généraux considérés comme
  institutions de crédit. in-8. *Guillaumin* . . . . .   3 »
4162. **Emion.** La liberté et le courtage des marchandises,
  loi du 18 juillet 1866. *Hetzel* 1 35
1161. **Sauzeau.** Manuel des docks, warrants, ventes publiques, comptes courants, chèques. *Guillaumin* .   2 25

Banques.

1162. **Courcelle-Seneuil.** Traité théorique et pratique des
  opérations de banque. in-8. *Guillaumin* . . . . .   6 »
4163. **Degranges.** Calculs tout faits d'intérêts. in-4. *Hachette*   *7 50
4164. **Courtois.** Traité élémentaire des opérations de bourse
  et de change. *Guillaumin* . . . .   3 »
4165. **Delcros.** Manuel du banquier et de l'escompteur,
  tables d'intérêt à 5 0/0. in-8. *Guillaumin* 1 90

4466. **De Malarce.** Monnaies, poids et mesures des divers
États du monde. in-8. *Guillaumin* 1 50

Transports.

Emion. Traité de l'exploitation des chemins de fer :
1163. — Voyageurs et bagages. *Hetzel* 2 70
1164. — Marchandises. *Hetzel* 2 70

Commerces de commission et de vente.

1165. **Egger.** Histoire du livre. *Hetzel* 2 10
4167. **Lunel.** Guide pratique de l'épicerie. *Hetzel*. . . . . 2 »

Fb. — Comptabilité commerciale.

119. **Vannier.** Premières notions du commerce et de la
comptabilité. *Colas* *1 50
3205. **Degranges.** Arithmétique commerciale et pratique.
in-8. *Hachette* 3 75
4166. **Degranges.** La tenue des livres. in-8. *Hachette* . . . 3 75
3206. **Barré.** Cours pratique de tenue des livres. in-8.
Masson 2 65
3207. **Barré.** Comptabilité commerciale et industrielle. in-8.
Masson 3 75
3208. **Pigier.** Nouvelle tenue des livres. in-8. *Guillaumin*. . 3 75
1167. **Meiffredy.** Traité pratique de comptabilité. in-8. *Bernheim* 1 50
1168. **Chevallier.** Traité élémentaire de tenue des livres.
in-16. *Delagrave*. . . . . *» 65
3209. **Larmigny.** Comptabilité anglaise. gr. in-8. *Guillaumin* 3 75
3210. **Léautey.** Questions actuelles de comptabilité, appel
à un congrès de comptables français. in-8. *Guillaumin* 2 65

G. — ART MILITAIRE

Ga. — Instruction du soldat.

Règlement du 12 juin 1875 sur les manœuvres de
l'infanterie:
— Titres I et II. École du soldat, éd. complète. in-16. *Baudoin* . . . . *» 56

☞ Instruction pratique sur le service de l'infanterie en campagne. in-16. *Levrault* . . . . *» 70

120. Instruction pratique sur le service de la cavalerie en campagne. in-16. *Levrault* . . . . » 80

4168. **Général Wolff**. Manuel du soldat d'infanterie en usage dans la division d'Alger. in-16. *Plon* . . . . . . » 40

1169. **Gastineau**. Manuel de théories dans les chambres sur l'éducation du soldat d'infanterie. in-16. *Baudoin* *» 50

3211. **Poirot**. Obligations militaires des disponibles, réservistes et territoriaux. *Baudoin* . . . . » 32

3212. **Poirot**. Instruction sur le dressage du soldat au combat dans l'ordre dispersé. in-16. *Baudoin* . . . . . . » 32

3213. **Poirot**. Instruction sur le dressage du soldat au service en campagne. in-16. *Baudoin* . . . . » 56

121. **Poirot**. Devoirs moraux du soldat, préceptes et exemples. in-16. *Baudoin* . . . . » 64

122. **Blondel**. Coup d'œil sur les devoirs et l'esprit militaires. in-16. *Baudoin* . . . . » 60

4169. **De la Villatte**. Droits et devoirs du soldat. in-16. *Jacob* *» 80

123. **Heumann**. Lectures du soldat. *Delagrave* . . . . . . *» 75

1170. **Hennequin**. Petits cours de topographie. in-16. fig. *Baudoin*. *1 »

Gb. — Instruction du sous-officier.

Règlement du 12 juin 1875 sur les manœuvres de l'infanterie :

☞ — Titre III : École de compagnie. in-16. *Baudoin* *» 45

1171. Instruction pratique des cadres, guide du sous-officier d'infanterie. in-18. fig. *Baudoin* . . . . » 32

☞ **Altmayer**. Manuel des connaissances militaires pratiques, 11e édition. 156 fig. *Baudoin* **4 40

124. **La Fuente**. Cours élémentaire pour l'enseignement de la topographie. 9 pl. *Baudoin* 1 60

1172. **Muret**. Notions sur la lecture des cartes topographiques. 39 cartes, 10 fig. ou vign. *Delagrave* . . 1 60

125. Fortification de champ de bataille. in-16. 108 fig. *Ghio* 1 60

Gc — Tactique, art et histoire militaires.

1173. Maréchal de Belle-Isle. Instruction à son fils sur les devoirs du chef militaire. in-8. *Baudoin.* . . . . . *» 40

126. Le sergent Fricasse. Journal de marche d'un volontaire de 1792. 4 vign. *Levrault.* . . . . 2 »

3214. Napoléon. Campagne d'Italie, d'Égypte et de Syrie. 3 vol. *Hachette* 4 50

127. Le cap. Coignet. Cahiers (d'un soldat de Napoléon). vign. *Hachette.* 2 50

3215. Jomini. Précis de l'art de la guerre. in-8. *Marpon.* . 3 50

128. Gouvion Saint-Cyr. Maximes de guerre, extraites de ses œuvres. in-16. *Baudoin.* 1 20

☞ **Gᵃˡ de Brack.** Avant-postes de cavalerie légère. in-16. *Baudoin.* *3 20

☞ **Mᵃˡ Bugeaud.** Maximes de l'art de la guerre. in-16. *Lencveu.* 3 20

1174. Niox. Expédition du Mexique. gr. in-8 et atlas in-fol. *Baudoin* . . . . 12 »

1175. Fay. Exposé sommaire de la campagne d'Allemagne en 1866. in-16. *Baudoin.* . . . . *» 25

1176. Charreyron. Emploi de la cavalerie pendant la guerre de 1866. in-16. *Baudoin.* . . . . *» 25

1177. Saunier. De l'artillerie de campagne pendant la guerre de 1866. in-16. *Baudoin* . . . . *» 30

1178. Lanty. Tactique des trois armes dans la division. in-16. *Baudoin* . . . . *» 30

129. Deschamps. Sur la tactique de l'infanterie. in-16. *Baudoin.* . . . . *» 30

130. Savin de Larclause. Tactique séparée de la cavalerie. in-16. *Baudoin* . . . . *» 25

131. Prévost. Rôle de la fortification passagère dans les combats. in-16. *Baudoin.* . . . . *» 25

132. Prévost. Emploi des chemins de fer à la guerre. in-16. *Baudoin* . . . . *» 25

1179. Gᵃˡ Brialmont. Les camps retranchés. in-8. fig. *Baillière* *4 20

1180. De Warren. Tactique des armées prussiennes. *Levrault.* 1 90

Gᵃˡ Lewal. Etudes de guerre :

3216. — Tactique de stationnement. in-8. fig. *Baudoin* 6 40

3217. — Tactique de renseignements. 2 vol. in-8. fig.   8 80
     Baudoin. 8 80
3218. De Scherff. La nouvelle tactique de l'infanterie, trad.
     de l'allemand. 2 vol. *Didot* 2 65
1181. Gal Berthaut. Marches et combats. *Baudoin.* . . . . .   2 »
1182. Barthélemy. Cours d'art militaire. 2 vol. in-8.
     fig. *Delagrave.* . . . .   15 »
1183. Bailly. Fortification passagère. in-8. fig. *Delagrave.*   2 25
3219. Herbinger. Notions de service en campagne, trad.
     de l'allemand. *Didot.* . . . .   *» 40
3220. Chassagne. Guide médical de l'officier. in-8. fig.
     Delagrave 3 75
1184. Canonge. Histoire militaire contemporaine. 2 vol.
     Charpentier . . . .   5 »
1185. Ténot. Les nouvelles défenses de la France, la
     frontière. gr. in-8. carte. *Baillière* 5 60
1186. Ténot. Paris et ses fortifications. gr. in-8. carte. *Baillière.*   3 50
☞ Nouvelle organisation militaire de la France. in-16.
     Dupont . . . .   *» 60
1187. Gougeard. La marine de guerre et les institutions
     militaires. in-8. *Dreyfous* 4 20
3221. Rau. Etat militaire des puissances étrangères, prin-
     temps de 1883. *Levrault.* . . . .   **4 »
1188. Manuel de droit international. in-16. *Baudoin* . . .   » 80
4170. Mariotti. Du droit des gens en temps de guerre.
     Baudoin. . . . .   2 »
1189. Lehujeur. Histoire de l'armée française. in-8. 47 vign.
     Hachette. 4 10
4171. Heumann. L'armée allemande. in-32. *Lavauzelle.* . .   *» 25
☞ Viollet-Leduc. Histoire d'une forteresse. gr. in-8.
     86 fig. ou vign. *Hetzel* **6 30
1190. Petit. Les sièges célèbres. 32 vign. *Hachette* . . .   1 60

H. — PHILOSOPHIE

Ha. — Philosophes et systèmes.

Écoles spiritualistes

1191. **Chaignet.** Vie de Socrate. *Didier* 2 10
1192. **Garnier.** La morale dans l'antiquité : Socrate et
    Xénophon. *Baillière*. 1 75
3222. **Chaignet.** La vie et les écrits de Platon. *Didier*. . . 2 80
1193. **Janet.** Les maîtres de la pensée moderne. *Levy* . . 2 45
1194. **Cousin.** Du vrai, du beau, du bien. *Didier* 2 50
3223. **Cousin.** Philosophie sensualiste du 18e siècle. *Didier*. 2 50
3224. **Cousin.** Philosophie de Locke. *Didier*. 2 50
1195. **Jouffroy.** Mélanges philosophiques. *Hachette*. 2 50
1196. **Jouffroy.** Nouveaux mélanges philosophiques. *Hachette*. 2 50
3225. **Garnier.** Traité des facultés de l'âme. 3 vol. *Hachette*. 7 50
4172. **Franck.** La morale pour tous. *Hachette*. . . . . . . » 90
3226. **Coigniet.** La morale indépendante dans son principe
    et dans son objet. *Baillière* 1 75
3227. **Janet.** Traité élémentaire de philosophie. in-8. 9 fig.
    Delagrave 6 60
1197. **Janet.** Le matérialisme contemporain. *Baillière* . . . 1 75
1198. **Janet.** Les problèmes du 19e siècle. *Lévy*. 2 45
3228. **Guyau.** La morale anglaise contemporaine : morale
    de l'utilité et de l'évolution. in-8. *Baillière*. . . . 5 25
3229. **Ferraz.** La philosophie du devoir. *Didier* 2 50
1199. **Erckmann-Chatrian.** Quelques mots sur l'esprit humain.
    ◊*Hetzel*. 1 05
3230. **E. de Pressensé.** Les origines. in-8. *Fischbacher* . . . 5 65

Écoles sensualistes.

1200. **Marion.** Locke, sa vie et son œuvre. *Baillière*. . . . 1 75
1201. **Littré.** Auguste Comte. in 8. *Libr. des sc. sociales* . . 6 »
3231. **Stuart Mill.** Auguste Comte et le positivisme. *Baillière*. 1 75
3232. **Stuart Mill.** L'utilitarisme. *Baillière*. 1 75
1202. **Taine.** Les philosophes classiques du 19e siècle en
    France. *Hachette* 2 50
3233. **Taine.** Le positivisme anglais. *Baillière*. 1 75

3234. **Moleschott.** La circulation de la vie. 2 vol. *Baillière* . 7 »
4173. **Büchner.** Science et nature. 2 vol. *Baillière* 3 50
3235. **Spencer.** Les premiers principes. in-8. *Baillière*. . . 7 »
3236. **Spencer.** Les bases de la morale évolutionniste.
in-8. *Baillière* *4 20

Écoles socialistes, et critique de ces écoles.

3237. **J.-J. Rousseau.** Du contrat social. in-32. *Bib. nationale.* » 18
3238. **Hubbard.** Saint-Simon, sa vie et ses travaux. *Guil-*
laumin 2 25
1203. **Janet.** Saint-Simon et le Saint-Simonisme. *Baillière.* 1 75
1204. **Reybaud.** Études sur les réformateurs modernes.
2 vol. *Guillaumin* 4 90
1205. **Sudre.** Histoire du communisme. *Guillaumin* 2 45
4174. **Renaud.** La solidarité. *Lib. des sc. sociales.* . . . . . » 95
4175. **Guéroult.** Les théories de l'Internationale. *Marpon* . . » 70
4176. **Fouillée.** La science sociale contemporaine. *Hachette.* 2 50

Histoire de la philosophie.

3239. **Fabre.** Histoire de la philosophie. *Delagrave* 5 65
3240. **Fouillée.** Histoire de la philosophie. in-8. *Delagrave.* 4 50
4177. **Weber.** Histoire de la philosophie européenne. in-8.
Fischbacher 7 15
3241. **Jouffroy.** Cours de droit naturel. 2 vol. *Hachette* . . 5 »

Hb. — Psychologie.

3242. **Dugald Stewart.** Eléments de la philosophie de l'esprit humain. 3 vol. *Baillière* 6 30
3243. **Joly.** Psychologie comparée : l'homme et l'animal.
in-8. *Hachette.* 5 65
4178. **Joly.** L'imagination. 4 eaux-fortes. *Hachette.* 1 60
1206. **Joly.** Psychologie des grands hommes. *Hachette* . . 2 50
3244. **Despine.** De la folie. in-8. *Savy* 9 60

Hc. — Philosophie morale.

1207. **Xénophon.** Entretiens mémorables de Socrate, éd.
Fouillée. *Delagrave* 1 90
3245. **Cicéron.** Traité des devoirs. *Delalain* 2 10
3246. **Epictète.** Manuel, éd. Guyau. *Delagrave* 1 90

3247. **Marc-Aurèle.** Pensées, trad. Pierron. *Charpentier* . .   1 50
1208. **Martha.** Les moralistes sous l'empire romain. *Hachette.*   2 50
1209. **Gréard.** De la morale de Plutarque. *Hachette.* . . .   2 50
1210. **La Bruyère.** Caractères. *Charpentier.* 1 50
1211. **Bersot.** La philosophie de Voltaire. *Baillière* 2 45
 133. **Vauvenargues.** Œuvres choisies. in-32. *Bib. nationale.*   » 18
 134. **Franklin.** Essais de morale et d'économie politique.
    Hachette. . . . .   » 90
    Channing. Œuvres sociales. *Charpentier.* 1 50
 135. **Lamennais.** Le livre du peuple. *Lévy* . . . .   » 70
    Ferd. Denis. Le brahme voyageur. *Didot* 1 15
1212. **Barni.** La morale dans la démocratie. in-8. *Baillière.*   3 50
 136. **Legouvé.** Les pères et les enfants au 19ᵉ siècle.
    2 vol. *Hetzel* 4 20
1213. **Janet.** La famille. *Lévy* 2 45
1179. **Janet.** La philosophie du bonheur. *Lévy* 2 45
 137. **Labeaume.** La science des bonnes gens. *Hachette* . .   2 50
1214. **Seraine.** Les préceptes du mariage. in-16. *Savy.* . .   » 75
    Marion. Droits et devoirs de l'homme. *Lib. centrale* . .   » 70
1180. **Ferraz.** Nos devoirs et nos droits. *Didier.* 2 50

Hd. — Esthétique.

1215. **Lessing.** Laocoon. *Hachette* 1 50
3248. **Jouffroy.** Cours d'esthétique. *Hachette* 2 50
3249. **Taine.** Philosophie de l'art. *Baillière.* 1 75
3250. **Taine.** De l'idéal dans l'art. *Baillière.* 1 75
3251. **Eug. Véron.** L'esthétique. *Reinwald.* 3 40
1181. **Lévêque.** Le spiritualisme dans l'art. *Baillière* . . .   1 75

He. — Philosophie religieuse.

1216. **Platon.** Phédon, édition Fouillée. *Delagrave* 2 35
3252. **Pascal.** Pensées, édition Havet. *Delagrave.* . . . . . .* 2 10
1217. **Bossuet.** Œuvres philosophiques. *Charpentier* 1 50
 138. **Fénelon.** De l'existence de Dieu. *Didot* 1 50
3253. **Jean Reynaud.** Terre et ciel. *Jouvet.* 4 90
3254. **Enfantin.** La vie éternelle. in-16. *Baillière* . . . .   » 42
3255. **Nus.** Les grands mystères. *Dentu* 2 10

3256. **Bonnemère**. L'âme et ses manifestations à travers l'histoire. *Dentu* 2 50

4182. **Charaux**. Les principes de la philosophie morale.
in-16. *Pédone-Lauriel* . . . . 1 »

Hf. — Philosophie sociale.

3257 **Cicéron**. De la république, édition Fouillée. *Delagrave*. 1 40

3258. **La Boétie**. Discours sur la servitude volontaire. in-32.
Bibliothèque nationale. . . . . » 18

4183. **L'abbé de Saint-Pierre**. Œuvres, précédées de sa vie.
Guillaumin 2 45

1218. **J.-J. Rousseau**. Emile, ou de l'éducation. *Didot* . . . 1 50

3259. **Beccaria**. Des délits et des peines, édition Faustin
Hélie. *Guillaumin* 2 45

139. **Victor Cousin**. Justice et charité. in-16. *Didot* . . . . » 60

3260. **Lamennais**. Du passé et de l'avenir du peuple. *Lévy*. . » 70

3261. **Proudhon**. La guerre et la paix. 2 vol. *Marpon*. . . . 4 90

4184. **Michelet**. Le peuple. *Lévy* 2 65

4185. **Michelet**. Nos fils. *Marpon*. 2 45

3262. **Thiers**. De la propriété. *Jouvet* 1 40

3263. **Em. de Girardin**. Du droit de punir. in-8. *Plon*. . . . 4 50

1219. **Legouvé**. Histoire morale des femmes. *Didier* 2 50

1220. **Laboulaye**. La liberté religieuse. *Charpentier*. 2 50

1221. **Laboulaye**. L'État et ses limites. *Charpentier* 2 50

3264. **Franck**. Philosophie du droit pénal. *Baillière* 1 75

4186. **Pelletan**. Les droits de l'homme. in-8. *Marpon* . . . 2 10

3265. **Jules Duval**. Gheel ou une colonie d'aliénés vivant en
famille. *Guillaumin* 2 65

3266. **D'Olivecrona**. La colonie du Val d'Yèvre, amende-
ment de l'enfant par la terre. in-8. *Guillaumin*. 1 50

140. **Jean Macé**. L'avènement du suffrage universel, les ver-
tus du républicain. in-16. *Bonnot* . . . . » 55

4187. **E. de Pompéry**. La femme dans l'humanité. *Hachette*. 2 50

1222. **Prévost-Paradol**. La France nouvelle. *Lévy*. 2 45

3267. **Beaussire**. La liberté. *Didier*. 2 10

3268. **Janet**. Histoire de la science politique dans ses rapports avec la morale. 2 vol. in-8. *Baillière* . . . . 14 »

3269. **E. de Laveleye**. De la propriété et de ses formes pri-
mitives. in-8. *Baillière* 5 25

141. **Stahl.** Entre bourgeois actionnaires de la même société
et citoyens du même pays. *Hetzel* . . . . * ، 35
3270. **Salières.** La guerre. *Baudoin* 2 80

Hg. — Morale civique.

142. **Bourde.** Le patriote. *Hachette* 2 50
4188. **Viguier.** Catéchisme national. in-32. *L'auteur.* . . . * » 20
☞ **Ch. Bigot.** Le petit Français. 53 vign. *Weill* . . . . * » 85
1223. **Muller.** La morale en action par l'histoire. ✢ *Hetzel.* 2 10
1224. **Lacombe.** Le patriotisme. 4 vign. *Hachette* 1 60
143. **Salières.** Le patriotisme. *Baudoin.* 2 40
144. **Duruy.** Pour la France. 11 vign. *Hachette* . . . . . » 75
☞ **Gœpp.** Le patriotisme en France. *Hachette* . . . . » 90
4189. **Lorain.** Récits patriotiques. 5 cartes, 34 vign. *Hachette..* . . . . * » 90
145. **Charavay.** L'héroïsme civil. 19 vign. *Charavay.* . . 1 »
146. **Charavay.** L'héroïsme militaire. 31 vign. *Charavay.* 1 »
147. **Charavay.** L'héroïsme professionnel. 8 vign. *Charavay* » 55
4190. **Gervais.** Chef et soldat. in-16. 11 vign. *Charavay.* . * » 35
148. **Levin.** Un exemple à suivre : la Prusse après Iéna.
28 vign. *Charavay.* . . . . » 55

Hh. — Vies privées.

149. **Guizot.** L'amour dans le mariage. *Hachette.* . . . . . » 90
☞ **Charton.** Histoires de trois pauvres enfants. *Hachette* » 90
☞ **Franklin.** Mémoires. *Hachette* . . . . » 90
☞ **Pelletan.** Jarousseau, le pasteur du désert. *Baillière* 2 45
150. **Mad. de Lasteyrie.** Vie de Mad. de Lafayette. *Téchener.* 4 »
☞ **Tinayre.** Victor Hugo enfant. in-16. *Kéva.* . . . . . . » 42
4191. **Lamartine.** Mémoires (du temps de sa jeunesse.)
Hachette. 2 50
1225. **Mad de Witt.** M. Guizot dans sa famille. *Hachette.* . 2 50
4192. **Quinet.** Histoire de mes idées. *Baillière* 2 65
☞ **Silvio Pellico.** Mes prisons. 18 vign. *Garnier* 1 50
☞ **J. Simon.** La peine de mort, récit. *Marpon* . . . . . ، 70
☞ **Piotrowski.** Souvenirs d'un Sibérien. ✢ *Hachette.* . . . » 90
3271. **Mad. Gaskell.** Vie de Currer Bell. *Grassart* 2 45
4193. **Charton.** Le tableau de Cébès. *Hachette* 2 50

1226. Douglass. Mes années d'esclavage et de liberté. *Plon.*   2 65
☞ Mad. Boissonnas. Un vaincu, souvenirs du général Robert Lee. carte. *Hetzel.* 2 45
4194. Mad. de Witt. Une belle vie: Mad. Jules Mallet. in-16 *Hachette.* . . . .   » 75
151. Thiriat. Journal d'un solitaire. *Picard* 2 25
152. Michel Masson. Le dévouement. 14 vign. *Hachette.* .   1 60
4195. Zurcher et Margollé. L'énergie morale. 15 vign. *Hachette*   1 60
153. Tissandier. Les héros du travail. gr. in-8. 32 vign. *Dreyfous.* . . . .   7 »

Hi. — Hommes utiles.

☞ Renan. Vie de Jésus. ✧ *Lévy* . . . .   1 »
154. E. de Pressensé. Jésus-Christ, son temps, sa vie, son œuvre. in-8. *Fischbacher* 5 65
☞ Lamartine. Christophe Colomb. *Lévy.* . . . .   » 70
1227. Lamartine. Fénelon. *Lévy* . . . .   » 70
4196. Labour. M. de Montyon. *Hachette* 2 50
☞ Mignet. Vie de Franklin. *Didier.* . . . .   » 90
155. Deschanel. Franklin. 14 vign. *Hachette.* . . . .   » 70
☞ Lamartine. Jacquard, suivi de Gutenberg. *Lévy* . . .   » 70
1228. Bernard. Vie d'Oberlin. *Hachette.* . . . .   » 90
1229. Bordier. Pestalozzi. *Fischbacher* . . . .   » 75
156. Legendre. Lakanal. 6 vign. *Weill* . . . .   » 70
3272. Mad. Holland. Channing. *Didier* 2 50
3273. Réville. Théodore Parker. *Reinwald* 2 65
1230. Robert. Leclaire, entrepreneur de peinture. gr. in-8. *Fischbacher* . . . . *   » 75
157. Les bienfaiteurs de l'humanité. 4 vign. *Ducrocq* . .   1 40
1231. Barni. Les martyrs de la libre pensée. *Baillière* . .   2 45

I. — PHILOLOGIE

3274. Ampère. Histoire de la formation de la langue française. *Didier* 2 50
3275. Pellissier. Précis d'histoire de la langue française. *Didier.* 2 10
3276. Brachet. Grammaire historique de la langue française. *Hetzel* 2 10

4197. **Cocheris.** Notions d'étymologie française. *Delagrave.* *1 90
4198. **Pontis.** Petite grammaire de la prononciation. in-8.
Hetzel . . . . 1 »
4199. **Petit.** Grammaire de la ponctuation. *Hetzel* 2 45
1232. **Rozan.** Les petites ignorances de la conversation.
Ducrocq. 2 45
1233. **Rozan.** A travers les mots. *Ducrocq* 2 45
1234. **Sarcey.** Le mot et la chose. *Ollendorff* 2 65
3277. **S. de Saci.** Principes de grammaire générale. *Ha-chette.* 1 15
3278. **Marcel.** L'étude des langues. *Boyer.* 1 50

J. — PÉDAGOGIE

Ja. — Pédagogues et instituteurs.

4200. **La Rochelle.** Jacob Rodrigue Pereire, instituteur des
sourds-muets. in-8. *Guillaumin* 3 75
158. **Ph. Pompée.** Études sur Pestalozzi, précédées de la
biographie de Ph. Pompée. *Delagrave* 2 80
3279. **Gosset.** Mademoiselle Sauvan. *Hachette.* 1 15
3280. **Rambert.** Alexandre Vinet. 2 vol. *Fischbacher.* . . . 4 50
159. **Mad. Pape-Carpantier.** *Hachette* . . . . » 80
160. **Compayré.** Histoire des doctrines de l'éducation en
France depuis le 16e siècle. 2 vol. *Hachette.* . . . . 5 »

Jb. — Éducation.

3281. **Locke.** Quelques pensées sur l'éducation, éd. Com-payré. *Hachette* 1 90
1235. **Egger.** Du développement de l'intelligence et du lan-gage chez les enfants. *Picard.* 1 90
4201. **Théry.** Conseils aux mères pour l'éducation des filles.
2 vol. *Hachette* . . . . 3 »
1236. **Baudrillart.** La famille et l'éducation en France.
Didier 2 50
3282. **Spencer.** De l'éducation intellectuelle, morale et phy-sique. in-16. *Baillière.* . . . . » 42

1237. **Mad. Coignet.** De l'éducation dans la démocratie. *Delagrave* 2 10
3283. **Durand.** La législation des écoles maternelles. *Ract.* 3 75
3284. **Rousselot.** Histoire de l'éducation des femmes en France. *Delagrave.* 1 40

Jc. — Instruction primaire.

1238. **Benoît-Lévy.** Manuel de la loi sur l'instruction obligatoire. *Cerf* . . . . » 70
4202. **Lhomme.** Code-manuel des membres des commissions scolaires. *Delagrave* 2 10
4203. **Lhomme.** Code-manuel des délégués cantonaux et communaux. *Delagrave.* 10
 161. **D'Hollendon.** Le guide des délégués cantonaux *Delagrave.* . . . . *» 25
 162. **Le Bourgeois.** Le délégué cantonal. *Picard.* . . . . . *» 25
 163. **Paul Bert.** L'instruction religieuse dans l'école. *Picard-Bernheim* . . . . » 60
4204. **Guillemin.** L'instruction républicaine. *Arnaud.* 2 50
 164. **Narjoux.** Construction et installation des écoles primaires et des salles d'asile. 76 vign. *Delagrave* . 1 75
☞ **Riant.** Hygiène scolaire. 103 vign. *Hachette.* 2 65
1239. **Jost.** Les congrès des instituteurs allemands. *Delagrave.* 2 10

Jd. Instruction secondaire et enseignement supérieur.

Enseignement professionnel.

☞ **Corbon.** L'enseignement professionnel. in-16. *Baillière.* » 42
 165. **Pagès.** Écoles d'apprentis. *Lib. connaissances utiles.* . *» 45

Enseignement classique.

3285. **Rollin.** Traité des études. 3 vol. *Didot.* 4 50
3286. **Cournot.** Des institutions d'instruction publique en France. in-8. *Hachette* . . . . 6 »
1240. **Michel Bréal.** Quelques mots sur l'instruction publique en France. *Hachette.* 2 50
3287. **J. Simon.** La réforme de l'enseignement secondaire. *Hachette.* 2 50
3288. **Ferneuil.** La réforme de l'enseignement public en France. *Hachette.* 2 50

1241. **Riant.** L'hygiène et l'éducation dans les internats. *Hachette*. 2 65

Je. — Éducation de soi-même.

Education morale.

☞   **Smiles.** Self-Help ou aide-toi toi-même. *Plon*. . . . 3 »
☞   **Smiles.** Le caractère. *Plon*. . . . . 3 »
4205. **Ellis.** Conseils aux jeunes gens qui veulent apprendre à se gouverner eux-mêmes. *Guillaumin*. . . . . » 75
4206. **Blackie.** L'éducation de soi-même. *Hachette*. . . . . » 75

Education intellectuelle.

4207. **Théry.** Conseils aux jeunes personnes sur les moyens de compléter leur éducation. in-4. *Hachette* . . 6 75
4208. **Ballande.** La parole. *Dentu*. 2 50
☞   **Legouvé.** L'art de la lecture. *Hetzel*. 2 10
☞   **Legouvé.** La lecture en action. *Hetzel*. 2 10
1242. **Ricquier.** Méthode de lecture et de récitation. *Delagrave* . . . . *» 90
1243. **Ricquier.** Lecture expressive, recueil de morceaux avec la manière de les lire. *Delagrave* *1 15
3289. **Cousin.** De l'organisation et de l'administration des bibliothèques publiques. in-8. *Pedone* 6 40
4209. **Connaissances** nécessaires à un bibliophile, d'après Peignot, Psaume, etc. 7 pl. 2 vol. *Rouveyre* . . . 7 50

Education physique et militaire

166. **Jourdy.** Le patriotisme à l'école. in-16. *Baillière* . . » 42
167. **Manuel** de gymnastique, publié par les soins du ministère de l'instruction publique. 2 vol. in-16. fig. *Hachette*. . . . . *1 »
4210. **Barthès.** Enseignement gymnastique et militaire. *Delagrave* *1 15
4211. **Manuel** d'instruction militaire. in-32. 27 fig. *Lavauzelle*. . . . . *» 25
3290. **Doursout.** Construction d'un stand pour tir réduit. 100 fig., 2 pl. *Baudoin*. 1 60
1244. **Gandolphe.** Manuel militaire de la jeunesse. 99 fig. *Hachette* *1 50

168. **Lottin.** Promenades topographiques. in-16. 24 fig. *Delagrave* . . . . *» **90**
1245. **Hennequin.** La topographie mise à la portée de tous. in-8. fig. *Baudoin* . . . . *» **80**
169. **Solard.** L'écolier-soldat. fig. *Baudoin* *1 **20**

K. — LÉGISLATION

Ka. — Droit privé.

1246. **Glasson.** Éléments du droit français. 2 vol. *Pédone.* . . 6 »
☞ **Périssat.** Petites leçons de droit. *Cotillon.* . . . . . . » **70**
4212. **Guichard.** Conférences sur le code civil. in-8. *Hetzel.* 1 »
170. **Grün.** Guide et formulaire pour la rédaction des actes de l'état civil. in-16. *Hachette* 1 **15**
171. **Carré.** Nos petits procès. *Hennuyer.* 2 **65**

Kb. — Droit public.

Droit public en général.

3291. **Rozy.** L'enseignement civique à l'école normale. *Delagrave* 2 **65**
3292. **Compayré.** L'instruction civique. *Delaplane.* 2 **25**

Droit constitutionnel.

3293. **Benjamin Constant.** Cours de politique constitutionnelle. 2 vol. in-8. *Guillaumin* . . . . 12 »
3294. **Demombynes.** Constitutions européennes. 2 vol. in-8. *Larose* . . . . **18 »
172. **Clamageran.** La France républicaine. *Baillière.* 2 **45**
4213. **Guerlin.** Manuel électoral. *Levrault* 2 **80**
173. **Beurdeley.** Manuel de l'électeur. *Lib. centrale.* . . . . » **35**
1247. **Chassin.** Le parlement républicain. *Fischbacher* . . . 1 **10**
4214. **Block.** Le budget, suivi de l'impôt. 2 vol. in-8. *Hetzel.* 2 »

Droit administratif.

4215. **Block.** La France, le département, la commune. 3 vol. in-8. *Hetzel* . . . . 3 »
421 **Block.** Paris municipal. 2 vol. in-8. *Hetzel* . . . . . 2 »
4217. **Lelioux.** Promenades . palais, hommes et choses de la justice. in-8. 19. vign. *Charavay.* 1 **40**

4218. **Emion.** Manuel des expropriés pour cause d'utilité
    publique. *Hetzel* . . . .   » 65
4219. **Lescuyer.** Les bureaux de bienfaisance. *Dupont.* . .   » 75
4220. **Delarbre.** Les colonies françaises, organisation, ad-
    ministration. gr. in-8. carte. *Levrault* 2 80

Droit pénal.

3295. **Ortolan.** Éléments de droit pénal. 2 vol. in-8. *Plon.* 13 50
1248. **Fenet.** Code-manuel du juré d'assises. in-16. *Cotillon.*   » 95

Kc. — Droit international.

3296. **Ortolan.** Règles internationales et diplomatie de la
    mer. 2 vol. in-8. *Plon.* 11 25
3297. **Doneaud.** Notions pratiques de droit maritime, inter-
    national et commercial. *Hetzel* . . . .   2 »
4221. **Dufrené.** Les droits des inventeurs en France et à
    l'étranger. *Hetzel* . . . .   2 »

L. — ÉCONOMIE SOCIALE.

La. — Économistes et financiers.

174. **Thiers.** Histoire de Law. *Hetzel* 2 10
3298. **L. de Lavergne.** Les économistes français du 18ᵉ siè-
    cle. in-8. *Guillaumin* 5 65
3299. **Reybaud.** Économistes modernes. in-8. *Lévy* 5 25
3300. **Bondurand.** Economie politique de Fréd. Bastiat.
    in-8. *Guillaumin* 2 25
1249. **Bernstein.** Schulze-Delitzsch. gr. in-8. *Guillaumin.* .   7 50
1250. **Blanqui.** Histoire de l'économie politique. in-8.
    Guillaumin . . . .   6 »

Lb. — Économie privée.

Épargne, institutions de prévoyance.

  Franklin. Conseils pour faire fortune, suivi de la
    Science du bonhomme Richard. in-32. *Loones* . . . * » 07
1251. **L'ouvrier,** sa femme et ses enfants, traduit de
    l'anglais par de l'Etang. *Marpon.* . . . .   » 90

1252. **Mad. Beecher Stowe.** A propos d'un tapis. *Sandoz* . . 1 05
4222. **Maret.** L'épargne journalière pour garantir la vieillesse. in-8. *Guillaumin*. 1 60
1253. **Maze.** La lutte contre la misère. *Cerf* 1 40
175. **De Malarce.** Notice historique et manuel des caisses d'épargne scolaires. in-8. *Guillaumin* . . . . . . * » 40
4223. **De Malarce.** Les services d'épargne populaire. in-8. *Guillaumin* . . . . » 75
3301. **Laurent.** Le paupérisme et les associations de prévoyance. 2 vol. in-8. *Guillaumin* 11 25
3302. **Hubbard.** Organisation des sociétés de prévoyance sur des bases scientifiques. in-8. *Guillaumin*. . . 5 65
4224. **Dutilleux.** Les sociétés de secours mutuels. in-4. *Levrault*. . . . . * » 80
1254. **Desmarest.** Législation des sociétés de secours mutuels en Europe. *Guillaumin*. 1 90
☞ **About.** L'assurance. *Anger* 1 50

Sociétés coopératives.

176. **Schulze-Delitzsch.** Cours d'économie politique à l'usage des ouvriers, éd. Rampal. 2 vol. *Guillaumin*. . . 3 75
177. **Seinguerlet.** Les banques du peuple en Allemagne. *Marpon*. 2 10
1255. **Vigano.** Les banques populaires. 2 vol. gr. in-8. *Guillaumin* . . . . 12 »
178. **Vigano.** Vade-mecum des promoteurs des banques populaires. in-8. *Guillaumin* 1 50
☞ **Eug. Véron.** Les associations ouvrières. *Hachette* . . » 90
179. **Walras.** Les associations populaires. *Dentu*. 1 40
1256. **Chambers.** La vraie mine d'or de l'ouvrier. in-8 . . *Guillaumin*.. 1 60
1257. **Vigano.** L'ouvrier coopérateur. in-8. *Guillaumin*. . . 3 75
1258. **Vigano.** La fraternité humaine. in-8. *Guillaumin* . . 9 »
1259. **Holyoake.** Histoire des équitables pionniers de Rochdale. gr. in-8. *Guillaumin*. . . . . 6 »
4225. **Roulliet.** Des sociétés coopératives de consommation. *Guillaumin* 2 25
1260. **Cernuschi.** Illusions des sociétés coopératives. *Guillaumin*. 1 50

Lc. — Économie rurale, industrielle et commerciale.

Principes d'économie politique.

3303. **Bastiat.** Œuvres. 7 vol. *Guillaumin* 17 15
3304. **Banfield.** Organisation de l'industrie. in-8. *Guillaumin* 4 50
3305. **Stuart Mill.** Principes d'économie politique. 2 vol. in-8.
    Guillaumin . . . . 12 »
1261. **Levasseur.** Précis d'économie politique. *Hachette* . . * 2 25
1262. **Jevons.** Économie politique. in-16. *Baillière.* . . . . » 42
    About. A B C du travailleur. *Hachette* 2 50
4226. **Mlle Martineau.** Contes choisis sur l'économie politi-
    que. 2 vol. in-8. *Guillaumin* 11 25
4227. **Rapet.** Manuel de morale et d'économie politique.
    Guillaumin 2 45
    Mad. Carraud. Les veillées de maître Patrigeon.
    Hachette . . . . » 90
    Block. Petit manuel d'économie pratique. in-8. *Hetzel* 1 »

Économie politique appliquée à la direction des entreprises agricoles,
industrielles et commerciales.

180. **Courcelle-Seneuil.** Manuel des affaires. in-8. *Guillaumin* 5 65

Économie rurale.

181. **Périssat.** Entretiens sur l'économie rurale. *Cotillon* . . » 70
4228. **Block.** L'agriculture. in-8. *Hetzel* . . . . 1 »
3306. **Lecouteux.** Cours d'économie rurale. 2 vol. *Lib. agri-
    cole.* 4 90
3307. **Cte de Gasparin.** Fermage. *Lib. agricole* . . . . . . » 85
3308. **Cte de Gasparin.** Métayage. *Lib. agricole* . . . . . . » 85
3309. **Stenfort.** Conditions des baux ruraux. *Savy* . . . . 1 »
4229. **Hipp. Passy.** Des systèmes de culture. *Guillaumin* . . 1 90
1263. **Clavé.** Etudes sur l'économie forestière de la France.
    Guillaumin 2 65
    L. de Lavergne. Essai sur l'économie rurale de la
    France. *Guillaumin* 2 45
1264. **L. de Lavergne.** L'agriculture et la population. *Guil-
    laumin* 2 45
1265. **L. de Lavergne.** Essai sur l'économie rurale de l'Angle-
    terre, de l'Ecosse et de l'Irlande. *Guillaumin* . . 2 45

1266. **E. de Laveleye.** Essai sur l'économie rurale de la Belgique. *Marpon*. 2 45
4230. **Caccianiga.** La vie champêtre (Italie). in-8. *Lib. agricole*. 1 40

Économie industrielle.

1267. **Thevénin.** Cours d'économie industrielle. 7 vol. *Hachette* 6 30
3310. **Coq.** Cours d'économie industrielle. *Delagrave*. . . . 3 »
4231. **Block.** L'industrie. in-8. *Hetzel*. . . . . 1 »
4232. **Passy.** Des machines et de leur influence sur le développement de l'humanité. *Hachette* . . . . . » 90
3311. **Godin.** Mutualité sociale. in-8. *Guillaumin* 3 75
4233. **Lerousseau.** De l'association de l'ouvrier aux bénéfices du patron. *Hachette*. 2 50
1268. **Bœhmert.** Leclaire et son système de rémunération du travail. in-8. *Guillaumin* . . . . * » 60
1269. **Brelay.** Le malentendu social. *Guillaumin* 1 60
3312. **Courcelle-Seneuil.** Liberté et socialisme. in-8. *Guillaumin* 5 65
4234. **Leneveux.** Le travail manuel en France. in-16. *Baillière* » 42

Économie commerciale.

4235. **Block.** Le commerce. in-8. *Hetzel*. . . . . 1 »
3313. **Jevons.** La monnaie et le mécanisme de l'échange. in-8. *Baillière* . . . . * 4 20
4236. **Dalsème.** La monnaie. 31 fig. ou vign. *Cerf* . . . . » 70
3314. **Coquelin.** Du crédit et des banques. *Guillaumin*. . . 3 »
4237. **Bagehot.** Lombard-street. *Baillière* 2 45
1270. **Baudrillart.** Histoire du luxe. 4 vol. in-8. *Hachette* . . 22 50

Ld — Économie publique.

3315. **Garnier.** Traité de finances. in-8. *Guillaumin*. . . . 5 65
3316. **Leroy-Beaulieu.** Traité de la science des finances. 2 vol. in-8. *Guillaumin*. . . . . 18 »
3317. **De Parieu.** Traité des impôts en France et à l'étranger. 4 vol. in-8. *Guillaumin*. 22 50
4238. **Vignes.** Traité des impôts en France. 2 vol. in-8. *Guillaumin* 11 25
3318. **Proudhon.** Théorie de l'impôt. *Marpon* 2 45
3319. **Mad. Cl. Royer.** Théorie de l'impôt. 2 vol. in-8. *Guillaumin* 7 50

3320. **P. Clément.** Histoire du système protecteur en France.
in-8. *Guillaumin.* 4 50

4239. **Mongredien.** Histoire du libre échange en Angleterre.
in-16. *Baillière.* . . . . » 42

4240. **Villey.** Du rôle de l'État dans l'ordre économique.
in-8. *Guillaumin.* . . . . 6 »

Le — Statistique.

3321. **Block.** Statistique de la France, 1876. 2 vol. in-8.
Guillaumin . . . . 18 »

3322. **Bertillon.** La statistique humaine de la France. in-16.
Baillière. . . . . » 42

3323. **Les colonies françaises**, notices publiées par le ministère de la marine. gr. in-8. *Levrault* . . . . . 4 »

3324. **Legoyt.** Forces matérielles de l'empire d'Allemagne
(1877). *Dentu.* 3 50

Lf — Régime économique

1271. **Talon.** La vie morale et intellectuelle des ouvriers.
Plon 3 75

1272. **Reybaud.** De la condition des ouvriers en soie. in-8.
Lévy 5 25

1273. **Reybaud.** Le coton. in-8. *Lévy.* 5 25

1274. **Reybaud.** La laine. in-8. *Lévy* 5 25

1275. **Reybaud.** Le fer et la houille. in-8. *Lévy* 5 25

1276. **Baudrillart.** Les populations rurales de la France:
Normandie. in-8. *Hachette* 4 50

3325. **Leroy-Beaulieu.** Le travail des femmes. *Charpentier* . 2 50

182. **Siegfried.** La misère. *Baillière* 1 75

Comte de Montalivet. Un heureux coin de terre.
Quantin. . . . . » 65

4241. **Eug. Véron.** Les institutions ouvrières de Mulhouse
et des environs. in-8. *Hachette* 5 65

Lg — Colonisation.

1277. **Leroy-Beaulieu.** De la colonisation chez les peuples
modernes. in-8. *Guillaumin* 7 20

1278. **Jules Duval.** L'Algérie et les colonies françaises.
in-8. *Guillaumin* 5 25
1279. **Blerzy.** Les colonies anglaises. in-16. *Baillière.* . . . » 42

M — BEAUX-ARTS

Ma — Histoire générale des beaux-arts.

3326. **Émeric David.** Vies des artistes anciens et modernes.
Loones. 2 40
    Vitet. Études sur l'histoire des beaux-arts. 4 vol. *Lévy.* 9 80
    Ménard. Histoire des beaux-arts. in-4. 414 vign. *Lahure.* 8 40
1280. **Ménard.** Tableau historique des beaux-arts aux 16e,
17e et 18e siècles. *Didier* 2 45
4242. **Laurent-Pichat.** L'art et les artistes en France. in-16.
Baillière . . . . » 42

Mb — Architecture et sculpture.

Architectes et sculpteurs.

183. **Lamartine.** Benvenuto Cellini. *Lévy* . . . . » 70
3327. **Lagrange.** Pierre Puget, peintre et sculpteur. *Didier.* 2 50
1281. **Emeric David.** Histoire de la sculpture française.
Loones 2 40

Histoire de l'architecture et de la sculpture.

184. **Colomb.** Habitations et édifices. gr. in-8. 202 vign.
Hachette. 2 25
3328. **Château.** Histoire de l'architecture en France. 130 vign.
Morel. . . . . 6 »
1282. **Cerfberr.** L'architecture en France. 126 vign. *Jouvet.* 1 50
3329. **Ménard.** La sculpture ancienne et moderne. *Didier.* 2 50
    Viollet-Leduc. Histoire d'un hôtel de ville et d'une
cathédrale. gr. in-8. 66 vign. et plans. *Hetzel* . . **6 30

Monuments : histoire et description.

1283. **Lefèvre.** Les merveilles de l'architecture. 60 vign.
Hachette. 1 60
185. **Viardot.** Les merveilles de la sculpture. 62 reproductions. *Hach tte.* 1 60

1284. **Saint-Paul.** Histoire monumentale de la France. gr. in-8. 165 vign. *Hachette*... ... . 2 25

1285. **Viollet-Leduc.** Les églises de Paris. 15 vign. *Marpon*. . 3 50

4243. **Augé.** Voyage aux sept merveilles du monde. 31 vign. *Hachette*. 1 60

4244. **Lesbazeilles.** Les colosses. 53 vign. *Hachette* 1 60

4245. **Augé.** Les tombeaux. 31 vign. *Hachette*. 1 60

Mc — Peinture et gravure.

Grands peintres.

186. **Alex. Dumas.** Trois maîtres. *Lévy* . . . . » 70

1286. **Clément.** Michel-Ange, L. de Vinci, Raphaël. *Hetzel*. 2 10

187. **Alex. Dumas.** Italiens et Flamands. 2 vol. *Lévy*. . . 1 40

3330. **Fromentin.** Les maîtres d'autrefois : Belgique et Hollande. in-8. *Plon* 5 65

3331. **Clément.** Prudhon. *Didier*. 2 50

3332. **Durande.** Carl, Joseph et Horace Vernet. *Hetzel* . . 2 10

3333. **Lagrange.** Joseph Vernet. *Didier*. 2 50

3334. **Delécluze.** Louis David. *Didier*. 2 50

3335. **Clément.** Géricault. *Didier* 2 50

3336. **Vte Delaborde.** Ingres. in-8. *Plon* . . . . 6 »

Histoire de la peinture.

1287. **Chesneau.** La peinture anglaise. in-8. vign. *Quantin* 2 10

1288. **Havard.** La peinture hollandaise. in-8. vign. *Quantin* 2 10

188. **Viardot.** Merveilles de la peinture. 2 vol. 31 reproductions. *Hachette*. 3 20

Gravure.

1289. **Vte Delaborde.** Histoire de la gravure. in-8. 100 reproductions. *Quantin* 2 10

1290. **Duplessis.** Les merveilles de la gravure. 32 reproductions. *Hachette*. 1 60

Principes des arts du dessin.

189. **Ch. Blanc.** La grammaire des arts du dessin. in-4. 300 vign. *Loones*. . . . . **14 »

3337. **Pellegrin.** Guide de la perspective. 43 fig. et pl. teintée. *Hetzel* 2 70

4246. Le dessin expliqué. in-8. 30 sujets d'étude. *Lebailly.* *» 75

☞ Viollet-Leduc. Comment on devient dessinateur. 110 dessins. *Hetzel.* 2 70

1291. Toppfer. Réflexions et menus-propos d'un peintre génevois. *Hachette.* 2 50

3338. De Lostalot. Les procédés de la gravure. in-8. 111 vign. *Quantin.* 2 10

4247. Goupil. Le pastel simplifié. in-8. *Lebailly.* . . . . . *» 75

4248. Goupil. Traité du paysage. in-8. *Lebailly.* . . . . . *» 75

Md. — Musique.

Grands musiciens.

1292. Clément. Les musiciens célèbres. in-4. 47 grav. ou vign. *Hachette.* . . . . **9 »

4249. Clément. Les grands musiciens. in-8. portraits. *Hachette* 1 10

3339. Stendhal. Vies de Haydn, Mozart et Métastase. *Lévy.* 2 45

3340. Barbedette. Haydn. in-4. portrait. *Heugel.* 2 25

3341. Wilder. Mozart. *Charpentier* 2 50

3342. Barbédetté. Beethoven. in-4. portrait. *Heugel.* 2 25

3343. Wilder. Beethoven. *Charpentier.* 2 50

3344. Barbedette. Weber. in-4. portrait. *Heugel.* 2 25

3345. Mad. Audléy. Franz Schubert. *Didier* 2 10

3346. Barbedette. Schubert et son temps. in-4. portrait. *Heugel.* 2 25

3347. Pougin. Bellini. *Hachette.* . . . . 3 »

3348. Barbedette. Mendelssohn. in-4. portrait. *Heugel.* . . . 2 25

3349. Barbedette. Chopin. in-4. portrait. *Heugel.* 2 25

3350. Blaze de Bury. Meyerbeer. in-4. portrait. *Heugel.* . . . 2 25

3351. Stendhal. Vie de Rossini. *Lévy.* 2 45

3352. Azevedo. Rossini. in-4. portrait. *Heugel.* 3 75

3353. Gasperini. Richard Wagner. in-4. portrait. *Heugel.* . . 2 25

Principes de musique.

4250. Bisson. Grammaire de la musique. in-8. *Hennuyer.* . 1 50

4251. Lacome. La musique en famille. in-8. 20 vign. *Hetzel.* 1 35

4252. Colomb. La musique. 118 vign. *Hachette.* 1 60

Me. — Arts industriels.

1293. Ch. Blanc. Grammaire des arts décoratifs. in-4. 161 vign. ou grav. *Loones.* **22 50

1294. **Castel.** Les tapisseries. 25 vign. *Hachette* 1 60
1295. **Muntz.** La tapisserie. in-8. reproductions. *Quantin*. . 2 10
3354. **Jacquemart.** Merveilles de la céramique. 3 vol.
    322 vign. et 833 monogrammes. ✿ *Hachette*. . . . 4 80
1296. **F. de Lasteyrie.** L'orfèvrerie. 65 vign. *Hachette*. . . . 1 60
4253. **Lacombe.** Armes et armures. 60 vign. *Hachette* . . . 1 60
1297. **Lefèvre.** Parcs et jardins. 29 vign. *Hachette*. 1 60

N. — LITTÉRATURE

Na. — Histoire et critique littéraires.

Littératures anciennes.

1298. **Pierron.** Histoire de la littérature grecque. *Hachette*.   3 »
3355. **Patin.** Études sur les tragiques grecs. 4 vol. *Hachette*. 10 »
3356. **Girard.** Études sur l'éloquence attique. *Hachette*. . . 2 50
1299. **Pierron.** Histoire de la littérature romaine. *Hachette*. 3 »
3357. **Boissier.** Cicéron et ses amis. *Hachette*. 2 50
3358. **Sainte-Beuve.** Études sur Virgile. *Lévy* 2 45
3359. **Patin.** Études sur la poésie latine. 2 vol. *Hachette*. . 5 »
3360. **Taine.** Essai sur Tite-Live. *Hachette* 2 50
3361. **Villemain.** Tableau de l'éloquence chrétienne au
    4ᵉ siècle. *Didier*. 2 50
190. **Souvestre.** Causeries historiques et littéraires. 3 vol.
    Lévy 2 10

Littérature française.

3362. **Nisard.** Histoire de la littérature française. 4 vol. *Didot*. 12 80
1300. **Demogeot.** Histoire de la littérature française. *Hachette*. 3 »
1301. **Géruzez.** Histoire de la littérature française. 2 vol.
    Didier. . . . . 5 »
1302. **Paul Albert.** La poésie. *Hachette* 2 50
1303. **Paul Albert.** La prose. *Hachette*. 2 50
191. **Roche.** Histoire des principaux écrivains français.
    2 vol. *Delagrave*. 5 25
4254. **Parnajon.** Histoire de la littérature française. 3 vol.
    Lib. centrale. 2 10
3363. **Villemain.** Tableau de la littérature au moyen âge.
    2 vol. *Didier* . . . . 5 »

4255. **Paul Albert.** La littérature française, des origines à la fin du 16e siècle. *Hachette.* 2 50

4256. **Noël.** Rabelais. in-16. *Lévy.* . . . . » 70

3364. **Gebhart.** Rabelais. *Hachette* 2 50

4257. **Lamartine.** Bossuet. *Lévy.* . . . . » 70

4258. **Lamartine.** Madame de Sévigné. *Lévy.* . . . . » 70

1304. **Taine.** La Fontaine et ses fables. *Hachette.* 2 50

1305. **Saint-Marc-Girardin.** La Fontaine et les fabulistes. 2 vol. *Hachette* . . . . 5 »

1306. **Merlet.** Études littéraires sur les classiques français. 2 vol. *Hachette* . . . . 6 »

4259. **Gidel.** Les Français du 17e siècle. *Didier.* 2 50

3365. **Prévost-Paradol.** Études sur les moralistes français. *Hachette.* 2 50

4260. **Paul Albert.** La littérature française au 17e siècle. *Hachette.* 2 50

☞ **Villemain.** Tableau de la littérature au 18e siècle. 4 vol. *Didier.* . . . . 10 »

3366. **Saint-Marc-Girardin.** J.-J. Rousseau. 2 vol. *Charpentier.* 5 »

4261. **Noël.** Voltaire et Rousseau. *Dreyfous.* 2 10

4262. **Paul Albert.** La littérature française au 18e siècle. *Hachette.* 2 50

4263. **Géruzez.** La littérature française pendant la Révolution. *Didier.* 2 50

4264. **Paul Albert.** La littérature française au 19e siècle. *Hachette.* 2 50

1307. **Saint-Marc-Girardin.** Cours de littérature dramatique. 5 vol. *Charpentier* 12 50

4265. **Alex. Dumas.** Souvenirs dramatiques. 2 vol. ⟡ *Lévy* . 4 40

3367. **Sainte-Beuve.** Causeries du lundi. 15 vol. *Garnier* . . 37 50

3368. **Sainte-Beuve.** Nouveaux lundis. 13 vol. *Lévy* 31 85

3369. **Sainte-Beuve.** Portraits contemporains. 5 vol. *Lévy.* . 12 25

3370. **P. de Saint-Victor.** Hommes et dieux. *Lévy.* 2 45

3371. **Schérer.** Études critiques de littérature. 7 vol. *Lévy.* 17 15

3372. **Fournier.** L'esprit dans l'histoire. *Dentu.* 3 50

3373. **Fournier.** L'esprit des autres. *Dentu* 3 50

4266. **Charpentier.** La littérature française au 19e siècle. *Garnier.* 2 50

Littératures étrangères.

3374. **Demogeot**. Histoire des littératures étrangères. 2 vol.
Hachette. . . . . 6 »

3375. **Taine**. Histoire de la littérature anglaise. 5 vol.
Hachette. 12 50

4267. **Boucher**. Tableau de la littérature anglaise. 19 vign.
Cerf. . . . . » 70

1308. **Mad. de Staël**. De l'Allemagne. Garnier. 1 50

3376. **Étienne**. Histoire de la littérature italienne. Hachette. 3 »

1309. **Perrens**. Histoire de la littérature italienne. Delagrave. 2 50

1310. **Lamartine**. Vie du Tasse. Lévy. . . . . » 70

3377. **Mézières**. Prédécesseurs de Shakespeare. Hachette . . 2 50

3378. **Mézières**. Shakespeare. Hachette. 2 50

3379. **Mézières**. Successeurs de Shakespeare. Hachette. . . 2 50

3380. **Bossert**. Gœthe et Schiller. Hachette 2 50

4268. **Barot**. Histoire de la littérature contemporaine en
Angleterre. Charpentier 2 50

3381. **Hubbard**. Histoire de la littérature contemporaine en
Espagne. Charpentier 2 50

3382. **Courrière**. Histoire de la littérature contemporaine en
Russie. Charpentier 2 50

3383. **Courrière**. Histoire de la littérature contemporaine
chez les Slaves. Charpentier 2 50

3384. **Roux**. Histoire de la littérature contemporaine en
Italie. Charpentier 2 50

Nb. — Morceaux choisis de littérature.

192. **Vinet**. Chrestomathie de l'adolescence. in-8. Fischbacher. . . . . 3 »

193. **Vinet**. Chrestomathie de la jeunesse et de l'âge mur.
in-8. Fischbacher. 4 15

1311. **Staaff**. Lectures choisies de littérature française.
3 vol. in-8. Didier. . . . . **18 »

3385. **Feugère**. Morceaux choisis pour les classes de grammaire. 2 vol. Delalain. 2 10

3386. **Feugère**. Morceaux choisis pour les classes supérieures. 2 vol. Delalain 4 20

1312. **Labbé**. Morceaux choisis, cours élémentaire. Hachette. » 75

1313. **Labbé**. Morceaux choisis, cours moyen. *Hachette* . . *1 15
1314. **Labbé**. Morceaux choisis, cours supérieur. *Hachette*. *1 90
4269. **Mainard**. A travers la vie. 38 vign. *Lib. centrale*. . . 1 05
 194. **Fénelon**. Œuvres choisies. gr. in-8. 17 grav. *Hachette* 2 25
1315. **J.-J. Rousseau**. Œuvres choisies. *Fick*. 1 50
1316. **Gresset**. Œuvres choisies. *Garnier* 1 50
4270. **Diderot**. Morceaux choisis. *Charavay*. 1 35
☞   **Bernardin de Saint-Pierre**. Œuvres choisies. 20 vign.
     Hachette 1 50
☞   **X. de Maistre**. Œuvres choisies. 15 vign. *Hachette*. . . 1 50
1317. **Courier**. Chefs-d'œuvre. 2 vol. in-32. *Bib. nationale*. » 36
☞   **Lamartine**. Lectures pour tous. *Hachette*. 2 50
1318. **Jean Reynaud**. Lectures variées. in-8. vign. *Jouvet*. 4 »
1319. **Mignet**. Portraits et notices historiques et littéraires.
     2 vol. *Didier* 1 05

Nc. — Eloquence.

3387. **Démosthène et Eschine**. Chefs-d'œuvre. trad. Stiéve-
     nart. *Charpentier*. 1 50
3388. **Pascal**. Lettres à un provincial. *Charpentier*. 1 50
3389. **Bossuet**. Discours sur l'histoire universelle. *Charpentier*. 1 50
1320. **Mirabeau**. Morceaux choisis. 20 vign. *Charavay*. . . 1 35
4271. **Jules Favre**. Conférences et mélanges. *Hetzel*. . . . 2 45
☞   **Laboulaye**. Discours populaires. *Charpentier*. 2 50
1321. **Legouvé**. Conférences parisiennes. *Hetzel*. 2 10
3390. **Gambetta**. Discours et plaidoyers politiques. 7 vol.
     parus. in-8. *Charpentier* 39 40
☞   **Gambetta**. Discours et plaidoyers choisis. *Charpentier* 2 50
1322. **Spuller**. Conférences populaires. *Dreyfous*. 2 10

Nd. — Genre épistolaire.

1323. **Mad. de Sévigné**. Lettres choisies. *Didot* 1 50
1324. **Voltaire**. Lettres choisies, éd. Moland. 2 vol.
     Garnier. . . . . 3 »
1325. **Crépet**. Trésor épistolaire de la France. 2 vol.
     Hachette . . . . 3 »

Ne. — Poésie.

Poésie épique : épopée héroïque.

3391. **Valmiky**. Le Ramâyana. 2 vol. *Marpon* 4 90
195. **Homère**. Œuvres, trad. Giguet. ✤ *Hachette* 2 50
3392. **Virgile**. Œuvres, trad. Cabaret-Dupaty. *Hachette* . . 1 50
196. **La chanson de Roland**, trad. Gautier. in-8. 4 grav.
 Mame. 1 85
1326. **La chanson de Roland**, trad. en vers français par
 Lehujeur. *Hachette* 2 50
3393. **Les Eddas**, trad. du Puget. in-8. *Garnier*. 3 75
1327. **Dante**. La divine comédie, trad. Fiorentino. *Hachette*.. 1 50
197. **Le Tasse**. La Jérusalem délivrée. *Charpentier*. . . . 1 50
1328. **Milton**. Le paradis perdu, trad. Chateaubriand. *Lévy*. » 70
4272. **Voltaire**. La Henriade. *Didot*. 1 50
3394. **Chassang**. Chefs-d'œuvre épiques de tous les peuples
 notices, analyses et extraits. *Jouvet*. 2 45

Epopée familière.

198. **Gœthe**. Hermann et Dorothée. *Lévy*. . . . . » 70
1329. **Lamartine**. Jocelyn. ✤ *Hachette* 2 50
199. **Brizeux**. Marie. in-16. *Lemerre*. 3 75
1330. **Brizeux**. Les Bretons. in-16. *Lemerre*. 3 75
1331. **Mistral**. Miréio. *Charpentier* . . . . 2 »
☞ **Victor de Laprade**. Pernette. *Didier* 2 50

Poésie lyrique.

200. **Chants et chansons populaires** des provinces de
 France. in-4. 53 vign. *Garnier*. . . . . ***8 »
1332. **Chénier**. Poésies. *Dentu* . . . . » 70
3396. **Delavigne**. Messéniennes. *Didot* 2 25
☞ **Béranger**. Le Béranger des familles. 5 grav. *Garnier*. 1 50
201. **Lamartine**. Premières méditations poétiques. *Hachette*. 2 50
202. **Lamartine**. Nouvelles méditations poétiques. *Hachette*. 2 50
1333. **Lamartine**. Harmonies poétiques. *Hachette* 2 50
3397. **Victor Hugo**. Odes et Ballades. *Hachette* 2 50
203. **Victor Hugo**. Orientales, Feuilles d'automne, Chants
 du crépuscule. *Hachette*. 2 50
1334. **Victor Hugo**. Les Voix intérieures, les Rayons et les
 ombres. *Hachette* 2 50

3398. **Victor Hugo**. Les contemplations. 2 vol. ◊ *Hachette.*   5 »

3399. **Victor Hugo**. La légende des siècles, 1re série. ◊
     Hachette. 2 50

☞ Les enfants, choix de poésies de Victor Hugo ayant
     trait à l'enfance. ◊ *Hetzel.* 2 10

☞ **Victor Hugo**. Les châtiments. ◊ *Hetzel.* 1 50

3400. **A. de Musset**. Rolla, les Nuits. *Lemerre.* 4 50

3401. **A. de Vigny**. Poésies. *Lévy.* 2 45

1335. **Barbier**. Iambes et poèmes. *Dentu.* 2 50

4273. **Barthélemy** Némésis. *Garnier* 1 50

1336. **Hégésippe Moreau**. Le myosotis. *Lévy.* . . . . » 70

1337. **Mad. Desbordes-Valmore**. Les poésies de l'enfance.
     Garnier 1 50

1338. **Th. Gautier**. Emaux et camées. *Charpentier* 2 50

4274. **Fertiault**. Les voix amies. *Didier.* 1 40

☞ **V. de Laprade**. Le livre d'un père. ◊ *Hetzel* 2 10

☞ **Ratisbonne**. La comédie enfantine. ◊ *Hetzel.* 2 10

3402. **Coppée**. Poésies, 1864-1878. 3 vol. *Lemerre.* 11 25

☞ **Coppée**. La grève des forgerons. *Lemerre.* . . . . . . * » 60

1339. **Manuel**. Poèmes populaires. *Lévy.* 2 45

1340. **Manuel**. Pages intimes *Lévy.* 2 45

1341. **Manuel**. En voyage. *Lévy* 2 45

3403. **Prudhomme**. Poésies, 1865-1879. 4 vol. *Lemerre.* . . 18 »

1342. **Prudhomme**. La justice. *Lemerre.* 2 25

Poèmes et chants patriotiques.

204. Les chants nationaux de la France, avec notices par
     Lhomme. gr. in-8. 10 vign. *Lib. centrale.* 2 45

1343. **Autran**. Milianah. *Lévy.* 2 45

205. **Victor Hugo**. L'année terrible. *Hachette.* 2 50

1344. **Manuel**. Pendant la guerre. *Lévy.* 2 45

☞ **Déroulède**. Chants du soldat. in-16. *Lévy.* . . . . . » 70

206. **Déroulède**. Nouveaux chants du soldat. in-16. *Lévy.* » 70

1345. **Déroulède**. Marches et sonneries. in-16. *Lévy* . . . » 70

4275. **Leygues**. La lyre d'airain. *Lemerre* 2 25

Poésie didactique.

3404. **Boileau**. Œuvres poétiques, éd. Louandre. *Charpentier.* 1 50

207. **La Fontaine**. Fables. 120 vign. par Grandville. in-4.
     Garnier . . . . **10 »

	La Fontaine. Choix de 92 fables. in-8. 140 vign. *Hachette.*	1 10
3405.	Pope. Essai sur la critique. in-16. *Hachette*	» 75
	Florian. Fables et Arlequinades. 18 vign. *Garnier.*	1 50
1346.	Andrieux. Œuvres choisies. in-8. *Ducrocq*	3 »
3406.	Autran. La vie rurale. *Lévy.*	2 45
3407.	Calemard. Le poème des champs. *Hachette*	2 50

Nf. — Théâtre.

Tragédie, drame.

3408.	Eschyle. Théâtre, trad. Pierron. *Charpentier*	1 50
1347.	Sophocle. Tragédies. *Charpentier*	1 50
3409.	Euripide. Théâtre. 2 vol. *Charpentier.* : :	3 »
3410.	Shakespeare. Œuvre complètes, trad. Montégut. 10 vol. ◇ *Hachette .*	15 »
208.	Shakespeare. Chefs-d'œuvre. 3 vol. *Hachette.*	2 70
	Corneille. Chefs-d'œuvre. ◇ *Hachette.*	» 90
	Racine. Théâtre, éd. Louandre. ◇ *Charpentier.* . . .	1 50
3411.	Voltaire. Théâtre choisi. *Lévy.*	» 70
	Voltaire. Zaïre, Mérope. in-32. *Bib. nationale.* . . .	» 18
1348.	Petits chefs-d'œuvre tragiques. 2 vol. *Didot.*	3 »
209.	Schiller. Théâtre. 3 vol. ◇ *Charpentier.*	4 50
	Schiller. Guillaume Tell. in-32. *Bib. nationale.* . . .	» 18
3412.	Gœthe. Théâtre. 2 vol. *Charpentier.*	3 »
	Delavigne. Louis XI. gr. in-8. *Tresse* . . . . * » 75
1349.	Delavigne. Les enfants d'Édouard. gr. in-8. *Tresse.* * » 75
1350.	Delavigne. Don Juan d'Autriche. gr. in-8. *Tresse.* . * » 75
210.	Victor Hugo. Théâtre. 4 vol. ◇ *Hachette*	10 »
4276.	Barrière et Thiboust. Les filles de marbre. *Lévy.* . .	1 05
1351.	Brisebarre et Nus. Les drames de la vie. 2 vol. *Lévy.*	2 80
1352.	Brisebarre et Nus. Les pauvres de Paris. in-4. *Lévy.* * » 35
4277.	Boucicaut et Nus. La dépêche. *Dentu.*	1 05
3413.	Bouilhet. Hélène Peyron. *Lévy.*	1 40
3414.	Bouilhet. Faustine. *Lévy.*	1 40
3415.	Bouilhet. La conjuration d'Amboise. *Lévy*	1 40
1353.	Dumanoir et Dennery. Les drames du cabaret. *Lévy.*	1 40
4278.	Dennery. La grâce de Dieu. gr. in-8. *Tresse* . . . . * » 75
1354.	Sardou. Patrie. *Lévy.*	1 40
	Manuel. Les ouvriers. *Lévy.*	1 15

211. **Manuel**. L'absent. *Lévy* 1 15
212. **Bornier**. La fille de Roland. in-4. *Dentu* 2 50

Comédie.

3416. **Aristophane**. Théâtre, trad. en vers français par Fallex.
2 vol. *Delagrave* 3 75
3417. **Térence**. Théâtre. 2 vol. *Charpentier* . . . . 3 »
135!. **Lope de Vega**. Théâtre, trad. Damas-Hinard. 2 vol.
Charpentier . . . . 3 »
1356. **Calderon**. Théâtre, trad. Damas-Hinard. 3 vol. *Char-*
pentier 4 50
1357. **Habeneck**. Chefs-d'œuvre du théâtre espagnol. *Hetzel*. 2 10
213. **Molière**. Œuvres complètes. 3 vol. ⊕ *Charpentier* . . 4 50
☞ **Molière**. Chefs-d'œuvre. 2 vol. *Hachette* 1 80
☞ **Regnard**. Théâtre choisi. *Lévy* . . . . » 70
☞ **Lesage**. Turcaret, Crispin. in-32. *Bib. nationale* . . . » 18
3418. **Marivaux**. Théâtre choisi. *Lévy* . . . . » 70
214. **Piron**. La métromanie. in-32. *Bib. nationale* . . . . . » 18
3419. **Sedaine**. Œuvres choisies. *Hachette* . . . . » 90
1358. **Petits chefs-d'œuvre comiques**. 8 vol. *Didot* . . . . 12 . »
215. **Beaumarchais**. Théâtre choisi. *Lévy* . . . . » 70
4279. **Théâtre de la Révolution**. *Garnier* 1 50
1359. **Sheridan**. L'école de la médisance. in-16. *Dreyfous* . » 70
☞ **Collin d'Harleville**. Le vieux célibataire. in-32. *Bib.*
nationale. . . . . » 18
216. **Collin d'Harleville**. Les châteaux en Espagne. in-8.
Tresse. *1 50
217. **Delavigne**. L'école des vieillards. gr. in-8. *Tresse*. . . *» 75
4280. **Picard**. Théâtre. 2 vol. *Garnier* . . . . 3 »
218. **Scribe**. Comédies et drames. 9 vol. *Dentu*. 13 50
1360. **Ponsard**. La bourse. *Lévy* 1 40
☞ **Ponsard**. L'honneur et l'argent. *Lévy*. 1 40
1361. **Ponsard**. Le lion amoureux. *Lévy* 1 60
☞ **Mad. de Girardin**. La joie fait peur. *Lévy* 1 05
1362. **George Sand**. Théâtre. 4 vol. *Lévy* 9 80
219. **George Sand**. François le Champi. *Lévy* . . . . » 70
220. **George Sand**. Le marquis de Villemer. *Lévy* 1 40
1363. **Augier**. Théâtre. 7 vol. *Lévy* 17 15
☞ **Augier**. Gabrielle. *Lévy*. 1 40
221. **Augier**. La jeunesse. *Lévy*. 1 40

CAT.   7

222. Augier et Sandeau. Le gendre de M. Poirier. *Lévy*. . 1 40
1364. Augier. Le fils de Giboyer. *Levy*. 1 40
223. Feuillet. Le village. *Lévy* 1 05
1365. Alex. Dumas fils. Théâtre. 6 vol. *Lévy*. 14 70
4281. Barrière. Les parisiens. *Lévy*. 1 40
224. Barrière. Les faux bonshommes. *Lévy*. 1 40
3420. Fournier. Corneille à la butte Saint-Roch. *Dentu* . . » 70
1366. Laya. Le duc Job. *Lévy* 1 40
4282. Laya. La loi du cœur. *Lévy* 1 40
1367. Labiche. Théâtre. 10 vol. *Lévy* 24 50
1368. Sardou. Les vieux garçons. *Lévy*. 1 40
1369. Sardou. Maison neuve. *Lévy* 1 40
4283. Nus et Belot. Miss Multon. *Lévy* 1 40
4284. Nus. Les deux comtesses. *Dentu*. 1 40
4285. Legouvé. Miss Suzanne. *Lévy* 1 40
3421. Verconsin. Saynètes et comédies. *Hachette*. 2 50

Ng. — Contes.

Contes de fées et de génies.

225. Galland. Les mille et une nuits, revues et abrégées.
    122 vign. *Garnier* . . . . 3 »
    Perrault. Contes de fées. 40 vign. *Hachette*. 1 50
1370. Nodier. Contes choisis. 2 vol. 10 grav. *Hetzel*. . . . 4 90
    Nodier. Trésor-des-fèves et Fleur-des-pois. in-8. 112
    vign. *Hetzel*. 1 35
1371. Alex. Dumas. L'homme aux contes. *Lévy*. . . . . . » 70
1372. Alex Dumas. Histoire d'un casse-noisette. *Lévy*. . . » 70
226. Alex. Dumas. La bouillie de la comtesse Berthe. in-8.
    143 vign. *Hetzel*. 1 35
4286. George Sand. Histoire du véritable Gribouille. in-8.
    68 vign. *Hetzel*. 1 35
227. La Bédollière. Histoire de la mère Michel et de son
    chat. in-8. 84 vign. *Hetzel* 1 35
1373. Ourliac. Le prince Coqueluche. in-8. 84 vign. *Hetzel*. 1 35
1374. Andersen. Contes choisis. 40 vign. *Hachette*. 1 60
1375. Andersen. Nouveaux contes. *Hetzel*. 2 10
1376. Feuillet. La vie de Polichinelle. in-8. 88 vign. *Hetzel*. 1 35
1377. Laboulaye. Contes bleus. *Charpentier* 2 50

4287. Laboulaye. Nouveaux contes bleus . *Charpentier*. .   2 50

Légendes.

1378. Souvestre. Le foyer breton. 2 vol. *Lévy* 1 40
1379. Boiteau. Légendes. 42 vign. *Hachette* 1 60
1380. Stahl. Aventures de Tom Pouce. in-8. 125 vign. *Hetzel*.   1 35
1381. Deulin. Contes d'un buveur de bière. *Dentu* 2 10

Histoires extraordinaires, roman fantastique.

1382. Hoffmann. Contes fantastiques. *Lévy*.. . . . .   » 70
1383. Chamisso. L'homme qui a perdu son ombre. in-16.
       Hachette . . . .   » 75
1384. Poé. Histoires extraordinaires. *Lévy* . . . .   » 70
1385. Poé. Nouvelles histoires extraordinaires. *Lévy* . .   » 70
1386. Poé. Aventures d'Arthur Gordon Pym. *Lévy* . . . .   » 70
4288. Hawthorne. Contes étranges. *Lévy*. . . . .   » 70
 228. Hawthorne. Trois contes. *Hachette*. . . . .   » 40
1387. Gozlan. Les émotions de Polydore Marasquin. *Hetzel*   2 10
1388. Erckmann-Chatrian. Hugues-le-Loup. in-4. 22 vign.
       Hetzel. . . . .   1 »
1389. Erckmann-Chatrian. Contes des bords du Rhin. in-4.
       25 vign. *Hetzel* . . . .   » 90
1390. Erckmann-Chatrian. La maison forestière. in-4. 18
       vign. *Hetzel*. . . . .   » 85
1391. Erckmann-Chatrian. Le Juif polonais. in-4. 20 vign.
       Hetzel. . . . .   » 90
1392. About. L'homme à l'oreille cassée. *Hachette*. . . . ,   1 50
1393. About. Le nez d'un notaire. *Lévy*. 1 40
1394. Rivière. Pierrot, Caïn, l'Envoûtement. *Lévy* . . . . ,   2 45

Nh. — Nouvelles.

Nouvelles contenant un enseignement moral.

 229. Souvestre. Les chroniques de la mer. *Lévy*. . . . .   » 70
 ☞   Souvestre. Dans la prairie. *Lévy* . . . .   » 70
 ☞   Souvestre. Au coin du feu. *Lévy* . . . .   » 70
 ☞   Souvestre. Sous la tonnelle. *Lévy*. . . . .   » 70
 ☞   Souvestre. Les clairières. *Lévy* . . . .   » 70
 ☞   Souvestre. Les soirées de Meudon. *Lévy* . . . . . .   » 70
 230. Souvestre. Pendant la moisson. *Lévy* . . . .   » 70

231. **Souvestre.** Sous les filets. *Lévy*. . . . . » 70
232. **Souvestre.** Sur la pelouse. *Lévy* . . . . » 70
233. **Souvestre.** Sous les ombrages. *Lévy* . . . . » 70
234. **Souvestre.** Récits et souvenirs. *Lévy* . . . . » 70
235. **Souvestre.** Au bord du lac. *Lévy*. . . . . » 70
1395. **Conscience.** Le remplaçant. *Lévy* . . . . » 70
1396. **Tardieu de Saint-Germain.** Contes et légendes. 2 vol.
    Charpentier . . . . 5 »
☞ **Tardieu de Saint-Germain.** Pour une épingle. *Charpen-*
    tier. 1 50
236 **Druon.** Le remplaçant. 3 vign. *Lib. centrale.* . . . . » 70
4289. **Dyonis.** Le petit Victor. 4 vign. *Lib. centrale* . . . . » 70
4290. **Mad. Destriché.** Les dimanches de la mère Tabou-
    reau. *Fischbacher* 1 10

Esquises de mœurs.

1397. **Hauff.** Nouvelles. *Hachette* . . . . » 90
☞ **Gotthelf.** Nouvelles bernoises. *Sandoz.* 2 80
237. **Gotthelf.** Au village. *Sandoz* 1 05
238. **Gotthelf.** L'héritage du cousin Hans Joggeli. *Grassart* » 80
☞ **Toppfer.** Nouvelles genevoises. ✤ *Hachette.* 2 50
4291. **Drames intimes,** trad. de Polevoï, Sollohoub, Bes-
    touchef. *Lévy* . . . . » 70
4292. **Au bord de la Néva,** trad. de Lermontoff, Gogol, Sol-
    lohoub. *Lévy* . . . . » 70
4293. **Sous les sapins,** trad. par Marmier. *Hachette.* . . . 2 50
1398. **Souvestre.** Scènes et récits des Alpes. *Lévy.* . . . . » 70
1399. **Souvestre.** Les péchés de jeunesse. *Lévy* . . . . . . » 70
1400. **Sandeau.** Nouvelles. *Lévy* 2 45
1401. **Ch. de Bernard.** Le paravent. *Lévy* . . . . » 70
1402. **Ch. de Bernard.** La peau du lion. *Lévy* . . . . . . » 70
☞ **Dickens.** Contes de Noël. *Hachette* . . . . » 90
1403. **Heiberg.** Nouvelles danoises. *Hachette* . . . . . . » 90
239. **Urbain Olivier.** L'hiver. *Bridel* 2 70
1404. **Mad. Gaskell.** Autour du sofa. *Hachette* . . . . . . » 90
4294. **Mad. Ch. Reybaud.** Misé Brun. *Hachette* . . . . . . » 90
1405. **Viardot.** Souvenirs de chasse. *Hachette* 1 50
1406. **About.** Les mariages de Paris. *Hachette.* 1 50
1407. **About.** Les mariages de province. *Hachette* 2 50

1408. **About**. Germaine. *Hachette*. 1 50
1409. **About**. Trente et quarante. *Hachette* 1 50
1410. **About**. Le turco. *Hachette* 2 50
1411. **Laboulaye**. Souvenirs d'un voyageur. *Charpentier* . . 2 50
 240. **Favre**. Nouvelles jurassiennes. *Lévy* 2 65
1412. **Nadar**. Quand j'étais étudiant. *Dentu*. . . . . » 70
1413. **Mad. Figuier**. Nouvelles languedociennes. *Hachette* . » 90
1414. **Pavie**. Récits de terre et de mer. *Lévy*. 2 45
1415. **Pavie**. Scènes et récits des pays d'outre-mer. *Lévy*.. 2 45
4295. **Moland**. Le roman d'une fille laide. *Lévy*. 2 45
1416. **Stahl**. Les bonnes fortunes parisiennes. 2 vol. *Hetzel* 4 20
1417. **Deulin**. Histoires de petite ville *Dentu*. 2 10
1418. **Revilliod**. Les veillées du chalet. *Sandoz*. 1 05
1419. **Auerbach**. Nouvelles villageoises de la Forêt Noire.
          Marpon 2 45
1420. **Kompert**. Nouvelles juives. *Hachette* . . . . » 90
 241. **Biart**. A travers l'Amérique. & *Hennuyer*. 2 65
 242. **Biart**. L'eau dormante. *Charpentier*. 2 50
 243. **Biart**. Les clientes du docteur Bernagius. *Hetzel*. . 2 10
 244. **G. de Cherville**. Muguette. *Didot* 2 25
1421. **Mad. Gréville**. Croquis. *Plon* 2 25
1422. **Mad. Gréville**. Nouvelles russes. *Plon* . . . . 2 65.
1423. **Bentzon**. Récits de tous pays. *Lévy*. 2 45
1424. **Contes de toutes les couleurs**, par le comité de la
          Société des gens de lettres. *Dentu*. 2 50
4296. **Gérard**. Trop jolie! *Plon*. 2 25
1425. **Bret-Harte**. Scènes de la vie californienne. *Reinwald*.. 1 50
1426. **Bret-Harte**. Récits californiens. *Lévy* 2 45
1427. **Bret-Harte**. Nouveaux récits californiens. *Lévy*. . . 2 45
1428. **Theuriet**. Toute seule. *Charpentier* 2 50
1429. **Lélu**. En Algérie, souvenirs d'un colon. *Hennuyer* . 2 65

Nouvelles historiques.

1430. **Assollant**. Deux amis en 1792. *Dentu*. . . . . » 70
1431. **Mad. de Witt**. Scènes historiques. 2 vol. gr. in-8. 46
          vign. *Hachette*. **7 50
1432. **Daudet**. Contes du lundi. *Charpentier*. 2 50
 245. **Badin**. Petits côtés d'un grand drame *Lévy* 2 45
 246. **Diény**. La patrie avant tout. in-8. 15 vign. *Hetzel*. . 1 35

Ni. — Romans didactiques.

Leçons morales.

3422. **Berquin.** Sandfort et Merton. vign. ✧ *Garnier*. . . . 1 50
3423. **Bouilly.** Contes à ma fille. vign. *Garnier* 1 50
3424. **Bouilly.** Contes populaires. vign. *Garnier*. 1 50
☞ **Edgeworth.** Contes de l'adolescence. 42 vign. *Hachette*. 1 60
247. **Edgeworth.** Demain. 55 vign. *Hachette* 1 60
☞ **Mad. Guizot.** Les enfants, contes. 8 vign. ✧ *Didier*. 2 80
☞ **Mad. Guizot.** Nouveaux contes. 8 ving. ✧ *Didier* . . 2 80
3425. **Mad. Guizot.** L'écolier. 2 vol. ✧ *Didier* 2 80
1433. **Marryat.** Les colons du Canada. 2 vol *Fischbacher* . 2 55
☞ **Desnoyers.** Les aventures de Jean-Paul Choppart. ✧ *Béchet*. . . . . 1 »
4297. **Souvestre.** Théâtre de la jeunesse. *Lévy* . . . . » 70
☞ **Mlle Ulliac-Trémadeure.** Claude ou le gagne-petit. 4 vign. *Didier*. 1 40
1434. **Michel Masson.** Lectures en famille. *Didier* 2 10
1435. **Michel Masson.** Les gardiennes. *Didier* 2 10
1436. **Michel Masson.** Les historiettes du père Broussailles. *Didier*. 2 10
☞ **Jean Macé.** Contes du Petit-Château. ✧ *Hetzel* 2 10
248. **Jean Macé.** Théâtre du Petit-Château. ✧ *Hetzel* . . . 1 40
☞ **Stahl.** Contes et récits de morale familière. ✧ *Hetzel*. 2 10
☞ **Stahl.** Les patins d'argent. ✧ *Hetzel* 2 10
249. **Stahl.** Histoire d'un âne et de deux jeunes filles. ✧ *Hetzel* 2 10
1437. **Stahl.** Les histoires de mon parrain. ✧ *Hetzel*. . . . 2 10
1438. **Stahl.** Les quatre peurs de notre général. ✧ *Hetzel*. 2 10
1439. **Stahl.** Les quatre filles du docteur Marsh. ✧ *Hetzel*. 2 10
☞ **Lemoine.** La guerre pendant les vacances. in-8. 25 vign. *Hetzel*. 1 35
1440. **Mad. Colet.** Enfances célèbres. 57 vign. *Hachette* . . 1 60
3426. **Mad. de Pressensé.** Rosa. *Soc. des traités religieux*. . . 1 10
1441. **Mad. de Witt.** Une famille à la campagne. 24 vign. *Didier* 1 75
1442. **Mad. de Witt.** Le cercle de famille. 4 vign. *Didier*. 1 75
1443. **Mad. de Witt.** Enfants et parents. 34 vign. *Hachette* . 1 60
50. **Michel Masson.** Les enfants célèbres. 41 vign. *Didier*. 2 10

251. **Girardin**. Fausse route. gr. in-8. 65 vign. *Hachette.* **3 75

252. **Girardin**. Petits contes alsaciens. in-8. 17 vign.
    Hachette. 1 10

1444. **Girardin**. Chacun son idée. 42 vign. *Hachette.* . . . . » 75

1445. **Girardin**. Récits de la vie réelle. in-8. 11 vign.
    Hachette. 1 10

253. **Mad. Colomb**. Le sansonnet. in-16. 5 vign. *Hachette.* » 42

254. **Bentzon**. Yette, histoire d'une jeune créole. *Hetzel.* 2 10

255. **Muller**. La jeunesse des hommes célèbres. *Hetzel.* 2 10

1446. **A. de Bréhat**. Les aventures de Charlot. *Hetzel* . 2 10

256. **Mlle Maréchal**. La dette de Ben-Aïssa. 20 vign.
    Hachette. 1 60

1447. **Génin**. La famille Martin. *Hetzel.* 2 10

1448. **Génin**. Le petit tailleur Bouton. in-8. 24 vign. *Hetzel* 1 35

1449. **Génin**. Les pigeons de Saint-Marc. in-8. 19 vign.
    Hetzel. 1 35

1450. **Aubin**. Les petits maraudeurs. 2 vign. *Lib. centrale.* » 70

1451. **Aubin**. Le pigeon voyageur. 5 vign. *Lib. centrale* . . » 70

1452. **Les petits marchands de Saint-Martin**. *Sandoz.* . . . 1 90

Roman moral.

3427. **Fénelon**. Télémaque. *Didot.* 1 50

    Topffer. Rosa et Gertrude. *Hachette.* 2 50

    Dickens. Vie et aventures de Nicolas Nickleby. 2 vol.
    Hachette. 1 80

1453. **Sandeau**. Madeleine. *Charpentier* 2 50

    Porchat. Trois mois sous la neige. *Delagrave* . . . » 60

    Mlle Cummins. L'allumeur de réverbères. *Hachette* . . » 90

1454. **Mlle Yonge**. L'héritier de Redclyff. 2 vol. *Grassart.* . 4 20

257. **Deslys**. Le serment de Madeleine. *Dentu* 2 10

1455. **Girardin**. La nièce du capitaine. in-8. vign. *Hachette.* 1 10

1456. **Girardin**. Le locataire des demoiselles Rocher. *Hachette.* 2 25

1457. **Girardin**. Les théories du docteur Wurtz. *Hachette.* 2 25

1458. **Mad. Colomb**. Piéter Vandaël. 12 vign. *Hachette* . . . » 75

    Hector Malot. Romain Kalbris. *Delagrave* 1 40

    Hector Malot. Sans famille. 2 vol. *Dentu* 4 20

258. **Hector Malot**. La petite sœur. 2 vol. *Dentu* 4 20

4298. **Marie Conscience**. La pièce de 20 francs. *Fischbacher.* 1 50

4299. **Marie Conscience**. Un million comptant. *Fischbacher* . 2 55

259. **Lereboullet**. Le chalet des sapins. ✧ *Hetzel*. 2 10
260. **Lereboullet**. Riquette. in-8. 13 vign. *Hetzel*. 1 35
1459. **E. Daudet**. Robert Darnetal. gr. in-8. 81 vign. *Hachette*. **3 75
1460. **Dequet**. Histoire de mon oncle et de ma tante. ✧ *Hetzel* 2 10
4300. **Mad. Gréville**. Les épreuves de Raïssa. *Plon* 2 65
1461. **Mad. Gréville**. Louis Breuil. *Plon*. 2 65
261. **Mlle Halt**. Histoire d'un petit homme. *Marpon*. . . . 2 45
4301. **Mad. d'Erwin**. Jeunes et vieux. in-8. 5 vign. *Hachette*. 1 10

Romans tendant à prouver quelque chose.

302. **Balzac**. Le médecin de campagne. *Lévy*. . . . . . . » 85
303. **Balzac**. Le curé de village. *Lévy* . . . . » 85
262. **Conscience**. Le pays de l'or, suivi du Chemin de la fortune. 2 vol. *Lévy*. 1 40
4304. **Conscience**. Les bourgeois de Darlingen. *Lévy*. . . . » 70
263. **Alph. Karr** Clovis Gosselin. *Lévy* . . . . » 70
1462. **Sandeau**. Catherine. *Lévy*. . . . . » 70
264. **Mad. Gaskell**. Ruth. *Hachette* . . . . » 90
4305. **L'oncle Adam**. L'argent et le travail. *Garnier*. . . . 2 50
4306. **Mad. Carlen**. Deux jeunes femmes. *Lévy*. . . . . . » 70
1463. **Trollope**. Les Bertram. 2 vol. *Marpon*. 3 50
1464. **Collins**. La morte vivante. *Hachette*. . . . . . . » 90
1465. **Theuriet**. La fortune d'Angèle. *Charpentier* 2 50
4307. **Barracand**. Le bonheur au village. in-8. 14 vign. *Charavay*. 1 35

Roman pédagogique.

3428. **Pestalozzi**. Comment Gertrude instruit ses enfants. *Delagrave* 1 90
265. **Legouvé**. Nos fils et nos filles. ✧ *Hetzel*. 2 10
1466. Une maman qui ne punit pas, suivi des Aventures d'Édouard ou la justice des choses. 2 vol. *Hetzel*. 4 20
4308. **Blandy**. Le petit roi. ✧ *Hetzel* 2 10
4309. **De Puydt**. Histoire orientale et point merveilleuse. *Dreyfous* . . . . » 55
4310. **Dardenne**. L'école de Pointillien. 8 vign. *Dreyfous*. . » 55

Roman artistique.

1467. **Wey**. Londres il y a cen ans. *Lévy* . . . . » 70

3429. **Cherbuliez**. Un cheval de Phidias. *Lévy* 2 45
1468. **Selden**. Daniel Vlady, histoire d'un musicien. *Marpon*. 2 45

Roman littéraire.

3430. **Bouilly**. Les encouragements de la jeunesse. vign.
Garnier 1 50
3431. **Cherbuliez**. Le prince Vitale. *Lévy* 2 45

Romans sur les sciences mathématiques et physiques.

266. **Jean Macé**. L'arithmétique du grand-papa. ⚘ *Hetzel*. » 70
267. **Verne**. De la terre à la lune, suivi de Autour de la lune.
2 vol. ⚘ *Hetzel*. 4 20
268. **Verne**. Aventures de 3 Russes et de 3 Anglais. ⚘
Hetzel 2 10
4311. **Mad. Carraud**. Les métamorphoses d'une goutte
d'eau. 50 vign. *Hachette*. 1 60
1469. **Castillon**. Récréations physiques. 36 vign. *Hachette*. 1 60
1470. **Castillon**. Récréations chimiques. 34 vign. *Hachette* . . 1 60

Romans sur l'histoire naturelle.

☞ **Mayne-Reid**. Le chasseur de plantes, suivi des Grim-
peurs de rochers. 2 vol. 32 vign. *Hachette*. . . . 3 20
☞ **Mayne-Reid**. Les vacances des jeunes boërs. 12 vign.
Hachette. 1 60
☞ **Mayne-Reid**. Les chasseurs de girafes. 10 vign. *Hachette*. 1 60
269. **Mayne-Reid**. Les jeunes voyageurs. 4 vign. ⚘ *Hetzel*. 2 45
1471. **Mayne-Reid**. Veillées de chasse. 43 vign. *Hachette*. . 1 60
☞ **Mayne-Reid**. Le désert d'eau dans la forêt. 4 vign.
⚘ *Hetzel*. 2 45
270. **Mayne-Reid**. Les exilés dans la forêt. 12 vign. *Hachette*. 1 60
1472. **Mayne-Reid**. Les naufragés de Bornéo. 4 vign. ⚘
Hetzel 2 45
271. **Mayne-Reid**. Bruin ou les chasseurs d'ours. 8 vign.
Hachette 1 60
☞ **Verne**. 20.000 lieues sous les mers. 2 vol. ⚘ *Hetzel*. 4 20
272. **Biart**. Aventures d'un jeune naturaliste. ⚘ *Hetzel* . 2 10
1473. **La Blanchère**. Aventures de la Ramée et de ses
3 compagnons. 36 vign. *Hachette* 1 60
1474. **La Blanchère**. Oncle Tobie le pêcheur. 80 vign.
Hachette. 1 60

273. **Candèze**. Aventures d'un grillon. ⟡ *Hetzel*. 2 10
1475. **Candèze**. La Gileppe. ⟡ *Hetzel*. 2 10
1476. **Aston**. L'ami Kips. ⟡ *Hetzel*. 2 10
1477. **Cattier**. Les bêtes du professeur Métaphus. *Dreyfous*.   » 50

Roman agricole.

☞   **About**. Maître Pierre. *Hachette*. 1 50
274. **Calemard**. La prime d'honneur. *Hachette* . . . . . .   » 90

Roman industriel.

☞   **Vimont**. Histoire d'un navire. 40 vign. *Hachette*. . .   1 60
1478. **Erckmann-Chatrian**. Souvenirs d'un ancien chef de
    chantier à l'isthme de Suez. in-4. vign. *Hetzel*. .   » 75
1479 **Poiré**. Six semaines de vacances. in-8.59. vign. *Ha-
    chette* 1 10

Nj. — Romans d'aventures.

Roman héroïque, roman de cape et d'épée.

3432. **Cervantes**. Don Quichotte, trad. complète de Viardot.
    2 vol. *Hachette* . . . .   5 »
275. **Cervantes**. Don Quichotte, abrégé. 64 vign. *Hachette*.   1 50
☞   Don Quichotte, imité de Cervantes, par Florian. ⟡
    49 vign. *Garnier*. 1 50
3433. **Scarron**. Le roman comique. *Garnier*. 1 50
276. **Conscience**. Batavia. *Lévy* . . . .   » 70
277. **George Sand**. Les beaux messieurs de Bois-Doré
    2 vol. ⟡ *Lévy*. 1 40
☞   Th. **Gautier**. Le capitaine Fracasse. 2 vol. *Charpen-
    tier* . . . .   5 »
278. **Achard**. Belle-Rose. *Lévy* 2 45
4312. **Achard**. Histoire d'un homme. *Lévy*. 2 45
1480. **Achard**. Les coups d'épée de M. de la Guerche,
    suivi d'Envers et contre tous. 2 vol. *Lévy* 4 90
4313. **Assollant**. La mort de Roland. *Dentu* . . . .   » 70
1481. **Assollant**. Le plus hardi des gueux. *Dentu*. 2 10

Aventures de mer.

☞   **Mayne-Reid**. William le mousse. 4 vign. ⟡ *Hetzel* . .   2 45
1482. **Mayne-Reid**. La chasse au leviathan. 51 vign. *Hachette*   1 60
1483. **Verne**. Une ville flottante, le blocus. ⟡ *Hetzel* . . .   2 10

279. Verne. Le *Chancellor*. ✧ *Hetzel*. 2 10
4314. Rémusat. Récits du gaillard d'avant. *Marpon* 2 45

Aventures de terre.

1484. Eug. Sue. Le morne-au-diable. *Marpon* . . . . » 90
1485. George Sand. L'homme de neige. 3 vol. ✧ *Lévy*. . . 2 10
1486. Alex. Dumas. Le capitaine Paul. ✧ *Lévy*. . . . . . . » 70
1487. Méry. Héva. *Lévy* . . . . » 70
1488. Méry. La Floride. *Lévy* . . . . » 70
1489. Méry. La guerre du Nizam. *Lévy* . . . . » 70
1490. Gerstœcker. Les pirates du Mississipi. *Hachette* . . . » 90
1491. Van Lennep. Aventures de Ferdinand Huyck. 2 vol.
    Hachette 1 80
 280. Enault. Le roman d'une veuve. *Hachette* 2 25
4315. Carrey. L'Amazone. 4 vol. *Lévy* 2 80
4316. Dickens. Les grandes espérances. 2 vol. *Hachette* . . 1 80
☞ About. Le roi des montagnes. ✧ *Hachette*. 1 50
4317. Verne. Les Indes noires. ✧ *Hetzel* 2 10
1492. Cl. Robert. Le pasteur du peuple. *Lévy*. . . . . . . » 70
1493. Assollant. La croix des prêches. 2 vol. *Dentu*. . . . 4 20
 281. Badin. Marie Chassaing. *Hetzel*. 2 10
1494. De Cherville. Contes de chasse et de pêche. *Didot* . 2 25

Aventures de voyages.

☞ Alex. Dumas. Le capitaine Pamphile. ✧ *Lévy* . . . . » 70
 282. Desnoyers. Aventures de Robert-Robert. 2 vol. ✧ *Béchet* 1 75
☞ Gerstœcker. Aventures d'une colonie d'émigrants en
    Amérique. *Hachette* . . . . » 90
 283. Verne Un hivernage dans les glaces. in-8. 17 vign.
    Hetzel 1 35
☞ Verne. Cinq semaines en ballon. ✧ *Hetzel* 2 10
☞ Verne. Voyage au centre de la terre. ✧ *Hetzel* . . . 2 10
☞ Verne. Aventures du capitaine Hatteras. 2 vol.
    ✧ *Hetzel* 4 20
☞ Verne. Les enfants du capitaine Grant. 3 vol. ✧ *Hetzel* 6 30
☞ Verne. Le tour du monde en 80 jours. ✧ *Hetzel*. . . 2 10
☞ Verne. Le pays des fourrures. 2 vol. ✧ *Hetzel* . . . 4 20
☞ Verne. Michel Strogoff. 2 vol. ✧ *Hetzel*. 4 20
 284. Verne. Un capitaine de 15 ans. 2 vol. ✧ *Hetzel*. . . 4 20

1495. **Verne.** Les tribulations d'un Chinois en Chine. ⟡ *Hetzel* 2 10
1496. **Verne.** La jangada. 2 vol. ⟡ *Hetzel.* 4 20
4318. **Verne.** Kéraban le têtu. 2 vol. ⟡ *Hetzel* 4 20
1497. **Hayes.** Perdus dans les glaces. gr. in-8. 58 vign. *Hachette* **3 75
4319. **Biart.** M. Pinson, suivi du Secret de José. 2 vol. *Hetzel* 4 20
4320. **Muller.** Un Français en Sibérie. *Dreyfous.* 1 40
1498. **Dubarry.** Histoire d'une famille d'émigrants en Australie. 14 vign. *Didier.* 1 75
4321. **Dubarry.** Les aventures d'un dompteur. *Dreyfous* . . 1 40
1499. **Dubarry.** Voyage au Dahomey. *Dreyfous* 1 40
4322. **Dubarry.** Les colons du Tanganika. *Didot* 2 25
1500. **Duclos.** Une aventurière à Tombouctou. carte. *Didot* 2 25
4323. **Wauters.** Le royaume des éléphants. *Dreyfous* . . . » 55

Scènes de la vie sauvage.

3434. **Châteaubriand.** Atala, Réné, les Natchez. *Hachette* . . 1 50
 285. **Cooper.** Les puritains d'Amérique. in-8. *Jouvet*. . . 2 35
 286. **Cooper.** Le tueur de daims. in-8. *Jouvet* 2 35
 287. **Cooper.** Le lac Ontario. in-8. *Jouvet* 2 35
☞ **Cooper.** Le dernier des Mohicans. in-8. *Jouvet.* . . . 2 35
☞ **Cooper.** Les pionniers. in-8. *Jouvet* 2 35
☞ **Cooper.** La prairie. in-8. *Jouvet* 2 35
1501. **Alex. Dumas.** Le capitaine Rhino. *Lévy.* . . . . . . » 70
1502. **Mayne-Reid.** Les jeunes esclaves. 4 vign. ⟡ *Hetzel.* . 2 45
 288. **Mayne-Reid.** La sœur perdue. 4 vign. ⟡ *Hetzel* . . . 2 45
 289. **Mayne-Reid.** Les deux filles du squatter. 4 vign. ⟡ *Hetzel.* 2 45
 290. **Mayne-Reid.** Les chasseurs de chevelures. ⟡ *Lévy.* . » 70
1503. **Mayne-Reid.** Le roi des Séminoles. *Hachette.* . . . . » 90
1504. **Mayne-Reid.** La piste de guerre. *Hachette* . . . . . . » 90
1505. **Mayne-Reid.** Le doigt du destin. *Hachette* . . . . . . » 90
4324. **Mayne-Reid.** Le chef au bracelet d'or. 4 vign. ⟡ *Hetzel.* 2 45
1506. **Gertœcker.** Les deux convicts. *Hachette.* . . . . . . » 90
☞ **Gabriel Ferry.** Costal l'indien, scènes de la guerre de l'indépendance mexicaine. *Hachette.* 2 50
☞ **Gabriel Ferry.** Le coureur des bois. 2 vol. ⟡ *Hachette.* **5 »
 291. **Berthet.** L'enfant des bois. 61 vign. *Hachette* 1 60
 292. **A. de Bréhat.** Aventures d'un etit Parisien. ⟡ *Hetzel.* 2 10

4325. **Assollant**. Montluc le Rouge. 2 vol. gr. in-8. 107 vign.
Hachette. . . . .** 7 50
4326. **Kingston**. Aventures périlleuses chez les Peaux Rouges.
Dreyfous. 1 40
1507. **Biart**. La frontière indienne. *Hetzel* 2 10
293. **Biart**. La capitana, mémoires du docteur Bernagius
Charpentier 2 50
294. **Stanley**. La terre de servitude. gr. in-8. 58 vign.
Hachette. **3 75
1508. **Deslys**. Le pays du soleil. gr. in-8. 35 vign. *Hachette*. **3 75

Robinsons.

☞ **D. de Foe**. Robinson Crusoe. 40 vign. *Hachette* . . . 1 50
295. **Wyss**. Le Robinson suisse. gr. in-8. 77 vign. *Hachette*. 2 25
☞ **Wyss**. Le Robinson suisse, revu par Stahl. ✧ *Hetzel*. 2 10
1509. **Saintine**. Seul ! *Hachette* 2 50
296. **Mayne-Reid**. A fond de cale. 12 vign. *Hachette* . . . 1 60
☞ **Mayne-Reid**. L'habitation du désert. 24 vign. *Hachette* 1 60
1510. **Fath**. Un drôle de voyage. ✧ *Hetzel* 2 10
297. **Verne**. L'île mystérieuse. 3 vol. ✧ *Hetzel*. 6 30
4327. **Verne**. L'école des Robinsons. ✧ *Hetzel* 2 10

Nk. — Romans passionnels.

Roman de sentiment.

3435. **Mad. de Lafayette**. La princesse de Clèves. *Garnier*. . 1 50
☞ **Bernardin de Saint-Pierre**. Paul et Virginie. ✧ *Lévy* . » 70
☞ **Manzoni**. Les fiancés. ✧ *Charpentier*. ***1 50
1511. **Topffer**. Le presbytère. *Hachette* 2 50
1512. **Balzac**. Le lys dans la vallée. *Lévy* . . . . » 85
1513. **George Sand**. Jeanne. ✧ *Lévy* . . . . » 70
1514. **George Sand**. Narcisse. *Lévy* . . . . » 70
1515. **George Sand**. Tamaris. *Lévy* 2 45
298. **Soulié**. Le lion amoureux. in-16. ✧ *Dreyfous* . . . . » 70
☞ **Saintine**. Picciola. ✧ *Hachette*. 2 50
299. **Mad. Gaskell**. Les amoureux de Sylvia. *Hachette*. . . » 90
328. **Enault**. L'amour en voyage. *Hachette*. 1 50
1516. **Alex. Dumas fils**. Le régent Mustel. *Lévy* . . . . . » 70
1517. **Mad. Craik**. Un amour à la vieille mode. *Sandoz* . . 1 05
1518. **Bentzon**. Miss Jane. *Lévy*. 2 45

Roman dramatique.

    Walter Scott. La fiancée de Lammermoor. in-8. *Jouvet*.   2 35
300. **Walter Scott**. Kenilworth. in-8. *Jouvet* 2 35
1519. **Balzac**. Les chouans. *Lévy* . . . .   » 85
1520. **Alex. Dumas**. Une fille du régent. ✧ *Lévy* . . . . . .   » 70
1521. **Gozlan**. La famille Lambert. *Lévy* 2 45
4329. **Achard**. Les filles de Jephté. *Lévy* . . . .   » 70
1522. **Biart**. Le bizco. *Hetzel* 2 10
1523. **Mad. Garcin**. Nora. *Ollendorff* 2 25
1524. **Mad. Gréville**. L'expiation de Savéli. *Plon* 2 25
1525. **Mad. Gréville**. La Niania. *Plon* 2 65
1526. **Mad. Gréville**. La princesse Oghérof. *Plon* 2 65

Roman d'analyse psychologique.

    Gotthelf. L'âme et l'argent. *Grassart* 1 50
1527. **Nodier**. Souvenirs de jeunesse. *Charpentier* 2 50
1528. **Sandeau**. Le docteur Herbeau. *Charpentier* 2 50
301. **Sandeau**. Mademoiselle de la Seiglière. *Charpentier* .   2 50
1529. **George Sand**. Mademoiselle Merquem. *Lévy* 2 45
4330. **George Sand**. Flavie. *Lévy* . . . .   » 70
1530. **Eawthorne**. La lettre rouge. *Hachette* . . . .   » 90
1531. **Hawthorne**. La maison aux sept pignons. *Hachette* . .   » 90
3436. **Fromentin**. Dominique. *Hachette* 2 50
3437. **Cherbuliez**. Le comte Kostia. *Hachette* 2 50
3438. **Cherbuliez**. Paule Méré. *Hachette* 2 50
1532. **Cherbuliez**. Le roman d'une honnête femme. *Hachette*   2 50
1533. **Girardin**. Le roman d'un cancre. gr. in-8. 124 vign.
    Hachette. ***3 75

Roman de caractère.

    Balzac. Eugénie Grandet. *Lévy* . . . .   » 85
302. **Balzac**. Ursule Mirouet. *Lévy* . . . .   » 85
1534. **Balzac**. La recherche de l'absolu. *Lévy* . . . .   » 85
1535. **Dickens**. Dombey et fils. 3 vol. *Hachette* 2 70
303. **George Sand**. Mauprat. ✧ *Lévy* 2 45
1536. **George Sand**. La famille Germandre. *Lévy* 2 45
1537. **Champfleury**. La succession Le Camus. *Dentu* . . . .   » 70
    Currer Bell. Jane Eyre. 2 vol. *Hachette* 4 80
1538. **Mad. Craik**. Le chef de famille. 2 vol. *Grassart* . . .   4 20
    Mad. Craik. John Halifax gentleman. 2 vol. *Grassart*.   4 20

4331. Mad. Craik. Vie pour vie. *Fischbacher*	2	15
1539. Feydeau. Le secret du bonheur. 2 vol. *Lévy*	4	90
1540. Ludwig. Entre ciel et terre. *Hachette*	»	90
4332. Achard. Noir et blanc. *Lévy*	2	45
304. George Eliot. Adam Bede. 2 vol. *Dentu*	4	20
1541. George Eliot. La famille Tulliver. 2 vol. *Dentu* . . .	4	20
4333. George Eliot. Silas Marner. *Fischbacher*	2	55
1542. Trollope. La pupille. *Hachette*	»	90
4334. Trollope. Œil pour œil. *Sandoz*	1	05
4335. Fabre. Mademoiselle de Malavieille. *Dentu*	2	50
☞ Mad. de Hillern. La fille au vautour. *Hachette*	»	90
4336. Claretie. Le renégat. *Dentu*	2	50
☞ Mad. Gréville. Dosia. *Plon*	2	25
1543. Mad. Gréville. Un violon russe. 2 vol. *Plon*	4	50
305. Mad. Gréville. Le moulin Frappier. 2 vol. *Plon* . . .	4	50
4337. France. Le crime de Sylvestre Bonnard, membre de		
l'Institut. *Lévy*	2	45

Roman autobiographique.

3439. Mad. de Staël. Corinne. *Garnier*	1	50
1544. Walter Scott. L'antiquaire. in-8. *Jouvet*	2	35
3440. Lamartine. Raphaël. ◊ *Hachette*	»	90
1545. Lamartine. Graziella. ◊ *Hachette*	»	90
306. Dickens. Le neveu de ma tante. 2 vol. *Lévy*	1	40
4338. Bulwer. Ernest Maltravers. *Hachette*	»	90
4339. Bulwer. Alice. *Hachette*	»	90
1546. Daudet. Le petit chose. ◊ *Hetzel*	2	10

Nl. — Romans de mœurs.

Scènes et tableaux de la vie de famille.

☞ Goldsmith. Le vicaire de Wakefield. ◊ *Lévy*	»	70
307. Gotthelf. Les joies et les souffrances d'un maître		
d'école. 2 vol. *Grassart*	3	75
☞ Bulwer. Mémoires de Pisistrate Caxton. 2 vol. *Hachette*	1	80
☞ Conscience. Scènes de la vie flamande. 2 vol. *Lévy*	1	40
☞ Souvestre. Confessions d'un ouvrier. *Lévy*	»	70
☞ Souvestre. Le mémorial de famille. *Lévy*	»	70
308. Souvestre. La dernière étape. *Lévy*	»	70
☞ Mlle Bremer. Les voisins. *Garnier*	2	50

1547. Mlle Bremer. Le foyer domestique. *Garnier* 2 50
4340. Mlle Bremer. La famille H. *Garnier* 2 50
4341. Mlle Bremer. Les filles du président. *Garnier* . . .   2 50
4342. Mlle Bremer. Guerre et paix, le voyage de la Saint-
       Jean. *Garnier.* 2 50
4343. Mlle Bremer. Un journal. *Garnier* 2 50
☞ Alph. Karr. Histoire de Rose et de Jean Duchemin.
       Lévy . . . .   » 70
309. Lamartine. Geneviève, histoire d'une servante ⚭ *Lévy*   » 70
☞ Mad. Carraud. Une servante d'autrefois. *Hachette*. .   » 90
1548. Mad. Beecher Stowe. Les petits renards. *Société des*
       traités religieux 1 50
1549. Mad. Craik. Ma mère et moi. *Fischbacher*. 2 55
4344. Mad. Craik. Silence Jardine. 2 vol. *Sandoz* 4 20
☞ Girardin. Les braves gens. gr. in-8. 115 vign. *Ha-*
       chette. **3 75
☞ Girardin. Nous autres. gr. in-8. 182 vign. *Hachette* . **3 75
310. Girardin. L'oncle Placide. gr. in-8. 138 vign. *Hachette* **3 75
1550. Girardin. Le neveu de l'oncle Placide. 3 vol. gr. in-8.
       367 vign. *Hachette.* **11 25
311. Girardin. Grand-père. gr. in-8. 91 vign. *Hachette*. . **3 75
1551. Girardin. Maman. gr. in-8. 112 vign. *Hachette*. . . **3 75
☞ Mad. Colomb. Le violoneux de la Sapinière. gr. in-8.
       85 vign. *Hachette* **3 75
☞ Mad. Colomb. La fille de Carilès. gr. in-8. 96 vign.
       Hachette. **3 75
1552. Mad. Colomb. Deux mères. gr. in-8. 133 vign. *Ha-*
       chette **3 75
1553. Mad. Colomb. Le bonheur de Françoise. gr. in-8.
       112 vign. *Hachette.* **3 75
1554. Mad. Colomb. Feu de paille. gr. in-8. 98 vign. *Ha-*
       chette. **3 75
1555. Mad. Colomb. L'héritière de Vauclain. gr. in-8. 104
       vign. *Hachette.* **3 75
1556. Mad. Colomb. Denys le tyran. gr. in-8. 112 vign.
       Hachette. **3 75
☞ About. Le roman d'un brave homme. ⚭ *Hachette*. .   2 50
312. Lereboullet. Histoire d'un forestier. *Hennuyer*. . . .   2 65

Mœurs résultant des milieux où l'on vit.

3441. Le Sage. Gil Blas. ✧ *Charpentier* 1 50
 313. Le Sage. Gil Blas, éd. abrégée. 42 vign. *Hachette*. . 1 60
1557. Walter Scott. Guy Mannering. in-8. *Jouvet* 2 35
4345. Cooper. Précaution. in-8. *Jouvet* 2 35
4346. Cooper. Le bourreau de Berne. in-8. *Jouvet* 2 35
4347. Cooper. Satanstoe. in-8. *Jouvet*. 2 35
4348. Cooper. A bord et à terre. in-8. *Jouvet*. 2 35
4349. Cooper. Le bravo. in-8. *Jouvet* 2 35
1558. Balzac. Grandeur et décadence de César Birotteau.
     Lévy . . . . » 85
1559. Bulwer. Qu'en fera-t-il ? 2 vol. *Hachette* 1 80
1560. Bulwer. Mon roman. 2 vol. *Hachette* 1 80
4350. Bulwer. Paul Clifford. 2 vol. *Hachette*. 1 80
 ☞ Mérimée. Colomba. ✧ *Lévy*. 2 54
1561. Ch. de Bernard. Le gentilhomme campagnard. 2 vol.
     Lévy 1 40
 314. Alph. Karr. La famille Alain. *Lévy*. . . . . » 70
1562. Marmier. Les fiancés du Spitzberg. *Hachette* 2 50
1563. Marmier. Gazida. *Hachette* 2 50
1564. Mad. Fullerton. L'oiseau du bon Dieu. *Hachette*. . . » 90
1565. Mlle Cummins. La rose du Liban. *Hachette* . . . . . » 90
1566. Mad. Stephens. Opulence et misère. *Hachette* . . . . » 90
1567. Sandeau. La maison de Pénarvan. *Lévy* 2 45
1568. Enault. Alba. *Hachette*. 1 50
4351. Enault. Un amour en Laponie. *Hachette* 1 50
4352. Enault. Nadèje. *Hachette*. 1 50
1569. George Sand. Antonia. *Lévy* 2 45
1570. Cte de Gramont. Les gentilshommes riches. *Hetzel*. . 2 10
1571. Cte de Gramont. Les gentilshommes pauvres. *Hetzel*. 2 10
4353. Daudet. Les rois en exil. *Dentu*. 2 50

Roman de la vie mondaine.

1572. Ch. de Bernard. Les ailes d'Icare. *Lévy*. . . . . . . » 70
1573. Ch. de Bernard. Un homme sérieux. *Lévy*. . . . . . » 70
4354. Ch. de Bernard. Gerfaut. *Lévy* . . . . » 70
1574. Hacklœnder. Le moment du bonheur. *Hachette* . . . » 90
1575. Mlle Cummins. Mabel Vaughan. *Hachette*. . . . . . » 90
1576. Feuillet. Le roman d'un jeune homme pauvre. *Lévy*. 2 45
3442. Feuillet. Histoire de Sibylle. *Lévy* 2 45

315. George Sand. Le marquis de Villemer. ⚘ *Lévy*. . . . 2 45
4355. Achard. Les misères d'un millionnaire, suivi des Campagnes d'un roué. 2 vol. *Lévy* 1 40
4356. Enault. Nadéje. *Hachette* 1 50
4357. Enault. Stella. *Hachette* 1 50
4358. Laurent Pichat. Gaston. *Hachette* 1 50
1577. Ulbach. M. et Mad. Fernel. ⚘ *Lévy* 2 45
1578. About. Tolla. *Hachette* 1 50
1579. About. La vieille roche. 3 vol. *Hachette*. 7 50
4359. Rivière. Mademoiselle d'Avremont. *Lévy* 2 45
4360. Laurence. Guy Livingstone. *Hachette* . . . . . . » 90
1580. Daudet. Fromont jeune et Risler aîné. *Charpentier* . 2 50
1581. Mad. Gréville. Ariadne. *Plon* 2 65
4361. Mad. Gréville. Les Koumiassine. 2 vol. *Plon* 5 25

Roman de la vie de village.

316. George Sand. André. ⚘ *Lévy* . . . . » 70
☞ George Sand. La mare au diable. ⚘ *Lévy* 2 45
☞ George Sand. François le Champi. ⚘ *Lévy* 2 45
☞ George Sand. La petite Fadette. ⚘ *Lévy* 2 45
317. George Sand. Jean de la Roche. ⚘ *Lévy* 2 45
318. George Sand. Les maîtres sonneurs. ⚘ *Lévy*. . . . 2 45
319. Mad. Gaskell. Cousine Phillis. *Hachette* . . . . . » 90
320. Murger. Adeline Protat. *Lévy* . . . . » 70
☞ Auerbach. La fille aux pieds nus. gr. in-8. 72 vign. *Hachette*. **3 75
321. Muller. La mionette. *Dentu*. . . . . » 70
4362. Muller. Madame Claude. *Dentu* . . . . » 70
4363. Erckmann-Chatrian. Maître Daniel Rock. in-4. 20 vign. *Hetzel* . . . . » 85
☞ Erckmann-Chatrian. Les confidences d'un joueur de clarinette. in-4, 26 vign. *Hetzel* 1 15
☞ Erckmann-Chatrian. L'ami Fritz. in-4. 24 vign. *Hetzel*. 1 05
☞ Erckmann-Chatrian. Les deux frères. in-4. 24 vign. *Hetzel*. 1 05
4364. Ponson du Terrail. Le nouveau maître d'école. *Hachette*. » 90
322. Urbain Olivier. Récits du village. *Bridel*. 2 70
4365. Urbain Olivier. Le manoir du vieux-clos. *Bridel*. . . 2 70
4366. Urbain Olivier. Rosette. *Bridel* 2 70

1582. Theuriet. Le mariage de Gérard. *Charpentier* 2 50
1583. Theuriet. Raymonde. *Charpentier*. 2 50
1584. Theuriet. Le filleul d'un marquis. *Charpentier* 2 50
1585. Theuriet. Le fils Maugars. *Charpentier* 2 50
1586. Theuriet. Madame Heurteloup. *Charpentier* 2 50

Milieux professionnels.

323. Michel Masson. Daniel le lapidaire. *Dentu*. 2 10
324. Freytag. Doit et avoir. 3 vol. *Hachette* 2 70
325. George Sand. Les maîtres mosaïstes. ⌀ *Lévy*. 2 45
1587. George Sand. La ville noire. *Lévy* . . . . » 70
1588. Murger. Les buveurs d'eau. *Lévy* . . . . » 70
1589. Berthet. Les houilleurs de Polignies. *Hachette*. . . . » 90
326. Daudet. Jack. 2 vol. ⌀ *Dentu* 4 20

Mœurs cléricales.

1590. Trollope. Le gardien. *Sandoz*. 1 05
1591. Assollant. Le vieux juge. *Dentu* 2 10
327. Fabre. Les Courbezon. *Dentu*. 2 50
1592. Fabre. Julien Savignac. *Charpentier*. 2 50
1593. Fabre. Barnabé. *Dentu*. 2 50
328. Fabre. L'abbé Tigrane, candidat à la papauté. *Dentu*. 2 50
1594. Daudet. L'évangéliste. *Dentu* 2 50

Mœurs scolaires.

1595. Champfleury. Les souffrances du professeur Deltheil.
    in-8. 23 vign. *Rothschild*. . . . . 4 »
1596. Berthet. Les petits écoliers dans les cinq parties du
    monde. gr. in-8. vign. *Jouvet* 4 90
1597. Berthet. Les petites écolières. gr. in-8. vign. *Jouvet*. 4 90
1598. Tom Brown, scènes de la vie de collège en An-
    gleterre. 2 vol. ⌀ *Hachette*. 1 80
1599. Laurie. La vie de collège en Angleterre. ⌀ *Hetzel*. . 2 40
1600. Laurie. Mémoires d'un collégien. ⌀ *Hetzel*. 2 40

Roman de la vie militaire.

1601. A. de Vigny. Servitude et grandeur militaires. *Lévy*. 2 45
☞ Gogol. Tarass Boulba. *Hachette*. . . . . » 90
329. Hacklœnder. Scènes de la vie militaire en Prusse.
    4 vol. 6 vign. *Hachette* 3 60

1602. Gandon. Les 32 duels de Jean Gigon. *Lévy* . . . . . . » 70
4367. Gandon. Le grand Godart. *Lévy* . . . . » 70
1603. Chandeneux. La femme du capitaine Aubépin. *Plon.* 1 90
1604. Chandeneux. Les filles du capitaine. *Plon* 1 90
1605. Chandeneux. Le mariage du trésorier. *Plon* 1 90
1606. Chandeneux. Les deux femmes du major. *Plon* . . . 1 90

Roman maritime.

330. Cooper. Le corsaire rouge. in-8. *Jouvet* 2 35
1607. Cooper. L'écumeur de mer. in-8. *Jouvet* 2 35
1608. Cooper. Le feu follet. in-8. *Jouvet* 2 35
1609. Cooper. Les deux amiraux. in-8. *Jouvet* 2 35
1610. Cooper. Les lions de mer. in-8. *Jouvet* 2 35
1611. La Landelle. Une haine à bord. *Dentu* . . . . » 70
1612. La Landelle. La Gorgone. 2 vol. *Lévy* 2 80
1613. Victor Hugo. Les travailleurs de la mer. 2 vol. *Hachette.* 5 »

Romans chinois.

1614. Yu-Kiao-li ou les deux cousines. 2 vol. *Didier.* . . . 5 »
1615. Les deux jeunes filles lettrées. 2 vol. *Didier.* . . . . 5 »

Roman d'intrigue.

1616. **Smith**. L'héritage. 3 vol. *Hachette* 2 70
331. **Collins**. Le secret. *Hachette*. . . . . » 90
1617. **Collins**. La femme en blanc. 2 vol. *Hetzel* 4 20
1618. **Collins**. Sans nom. 2 vol. *Hetzel*. 4 20

Nm. — Romans historiques.

Mœurs et histoires de l'antiquité.

3443. Chateaubriand. Les martyrs. *Hachette*. 1 50
332. Bulwer. Les derniers jours de Pompéi. *Hachette* . . » 90
1619. Th. Gautier. Le roman de la momie. *Charpentier*. . 2 50
3444. Flaubert. Salammbô. *Charpentier* 2 50
4368. Joubert. Lééna. *Didot*. 2 25
4369. Melville. Les gladiateurs. 2 vol. *Hachette* 1 80
4370. Ebers. Les sœurs. *Sandoz*. 2 45
333. Cahun. Les aventures du capitaine Magon. in-4.
72 vign. *Hachette* **7 50
1620. Cahun. Les mercenaires. gr. in-8. 60 vign. *Hachette* **3 75

4371. **Assollant.** Pendragon. gr. in-8. 42 vign. *Hachette.* . **3 75
Mœurs du temps de la féodalité.

☞ **Walter Scott.** Ivanhoe. in-8. ⟡ *Jouvet* 2 35
334. **Walter Scott.** Le connétable de Chester. in-8. *Jouvet* 2 35
335. **Walter Scott.** Richard en Palestine. in-8. *Jouvet* . . 2 35
☞ **Walter Scott.** La jolie fille de Perth. in-8. *Jouvet* . 2 35
4372. **Walter Scott.** Le château périlleux. in-8. *Jouvet.* . . 2 35
☞ **Immermann.** Les paysans de Westphalie. *Hachette* . 2 35
☞ **Victor Hugo.** Notre-Dame de Paris. 2 vol. ⟡ *Hachette* 5 »
1621. **Ainsworth.** Crichton. 2 vol. *Hachette* 1 80
4373. **Mlle Yonge.** La colombe dans le nid de l'aigle.
    Grassart. 2 45
4374. **Barracand.** Un village au 12ᵉ et au 19ᵉ siècles. in-8.
    10 vign. *Charavay* 1 35

Romans utilisant des faits ou des données historiques.

336. **Walter Scott.** Rob-Roy. in-8. ⟡ *Jouvet* 2 35
☞ **Walter Scott.** Les puritains d'Écosse. in-8 *Jouvet* . . 2 35
☞ **Walter Scott.** La prison d'Édimbourg. in-8. *Jouvet* . 2 35
337. **Walter Scott.** Le pirate. in-8. *Jouvet* 2 35
338. **Walter Scott.** Redgauntlet. in-8. *Jouvet.* 2 35
339. **Walter Scott.** Chroniques de la Canongate. in-8.
    Jouvet 2 35
340. **Cooper.** Le pilote. in-8. *Jouvet.* 2 35
1622. **Cooper.** L'heidenmauer. in-8. *Jouvet* 2 35
1623. **Alex. Dumas.** La dame de Monsoreau. 3 vol. ⟡ *Lévy* 2 10
1624. **Alex. Dumas.** Les Quarante-cinq. 3 vol. ⟡ *Lévy* . . . 2 10
☞ **Alex. Dumas.** Les trois mousquetaires. 2 vol. ⟡ *Lévy* 1 40
1625. **Alex. Dumas.** Vingt ans après. 3 vol. ⟡ *Lévy* 2 10
341. **Alex. Dumas.** Le chevalier d'Harmenthal. 2 vol. ⟡ *Lévy* 1 40
1626. **Alex. Dumas.** Le collier de la reine. 3 vol. ⟡ *Lévy* . 2 10
342. **Alex. Dumas.** Ange Pitou. 2 vol. ⟡ *Lévy* 1 40
1627. **Alex. Dumas.** Le chevalier de Maison-Rouge. 2 vol.
    ⟡ *Lévy* 1 40
1628. **Alex. Dumas.** Les compagnons de Jéhu. 3 vol. ⟡ *Lévy* 2 10
1629. **Alex. Dumas.** La San-Félice. 4 vol. ⟡ *Lévy* 2 80
1630. **Alex. Dumas.** Les louves de Machecoul. 3 vol. ⟡ *Lévy.* 2 10
4375. **Conscience.** La guerre des paysans. *Lévy* . . . . . . » 70
1631. **Scribe.** Piquillo Alliaga. 3 vol. *Dentu* 4 20

1632. **Gonzalès.** Les frères de la côte. *Dentu* . . . . » 70
4376. **Zaccone.** La vivandière des zouaves. *Lévy* . . . . . » 70
1633. **Whitehall,** trad. de l'anglais. 2 vol. *Hachette.* . . . 1 80
1634. **Enault.** La vierge du Liban. *Hachette* 1 50
☞ **Erckmann-Chatrian.** Madame Thérèse. in-4. 22 vign.
    Hetzel . . . . 1 »
☞ **Erckmann-Chatrian.** Histoire d'un conscrit de 1813.
    in-4. 24 vign. *Hetzel* . . . . 1 »
343. **Erckmann-Chatrian.** Waterloo. in-4. 30 vign. *Hetzel* . 1 25
☞ **Erckmann-Chatrian.** L'invasion. in-4. 26 vign. *Hetzel* 1 15
☞ **Erckmann-Chatrian.** Le blocus. in-4. 24 vign. *Hetzel* . 1 15
344. **Erckmann-Chatrian.** Histoire d'un homme du peuple.
    in-4. 24 vign. *Hetzel* 1 20
1635. **Erckmann-Chatrian.** Les vieux de la vieille. in-4. 20
    vign. *Hetzel.* . . . . 1 »
1636. **Erckmann-Chatrian.** Une campagne en Kabylie. in-4.
    24 vign. *Hetzel* . . . . 1 »
☞ **Assollant.** François Bûchamor. 12 vign. *Delagrave.* . . 1 40
1637. **Victor Hugo.** Quatre-vingt-treize. in-4. 143 vign. *Hugues* 4 20
1638. **César Borgia,** trad. de l'anglais. 2 vol. *Hachette* . . 1 80
1639. **James.** Léonora d'Orco. *Hachette* 1 80
1640. **Mlle Yonge.** Kenneth. *Grassart* 2 45
4377. **Thierry.** L'aventure d'une âme en peine. *Didier* . . 2 50
4378. **Siebecker.** Les fédérés blancs. *Dreyfous* 2 10
4379. **Rousselet.** Les fils du connétable. gr. in-8. 114 vign.
    Hachette ***3 75
4380. **Rousselet.** Le tambour de Royal-Auvergne. gr. in-8.
    114 vign. *Hachette* ***3 75

Roman historique.

345. **Walter Scott.** Waverley. in-8. *Jouvet.* 2 35
1641. **Walter Scott.** Le monastère, suivi de l'Abbé. 2 vol.
    in-8. *Jouvet.* 4 70
1642. **Walter Scott.** Aventures de Nigel. in-8. *Jouvet.* . . . 2 35
346. **Walter Scott.** Péveril du Pic. in-8. *Jouvet* 2 35
☞ **Walter Scott.** Quentin Durward. in-8. *Jouvet.* . . . 2 35
347. **Walter Scott.** Woodstock. in-8. *Jouvet.* 2 35
348. **Walter Scott.** Charles-le-Téméraire. in-8. *Jouvet.* . . 2 35
☞ **Cooper.** L'espion. in-8. *Jouvet* 2 35
3. **Cooper.** Lionel Lincoln. in-8. *Jouvet.* 2 35

1644. Hauff. Lichtenstein. *Hachette*. . . . . » 90
1645. Zschokke. Le château d'Aarau. . . . . » 90
1646. Zschokke. Addrich des mousses. *Hachette*. . . . . . . » 90
☞ Pouschkine. La fille du capitaine. *Hachette*. . . . . » 90
1647. Bulwer. Rienzi. 2 vol. *Hachette*. 1 80
1648. Bulwer. Le dernier des barons. 2 vol. *Hachette* . . 1 80
☞ A. de Vigny. Cinq-Mars. 2 vol. ✧ *Lévy*. 1 40
1649. Alex. Dumas. La tulipe noire. ✧ *Lévy* . . . . » 70
349. Conscience. Le lion de Flandre. 2 vol. *Lévy* 1 40
350. Conscience. Le tribun de Gand. 2 vol. *Lévy* 1 40
4381. Bernhard. Chroniques du temps d'Erik de Poméra-
    nie. *Garnier* 2 50
351. Vitet. La ligue. 2 vol. *Lévy* 4 90
1650. Vitet. Les états d'Orléans. *Lévy*. . . . . » 70
1651. Mérimée. Les faux Démétrius. *Lévy*. 2 45
1652. Ainsworth. Abigaïl. *Hachette*. . . . . » 90
1653. Thackeray. Henry Esmond. 2 vol. *Hachette*. 1 80
☞ Erckmann-Chatrian. Histoire d'un paysan. 4 vol. in-4.
    115 vign. *Hetzel*. 5 90
352. Mlle Yonge. Le petit duc. *Fischbacher* 1 40
1654. George Sand. Cadio. *Lévy* 2 45
4382. Eyma. Le roi des tropiques. *Lévy*. . . . . » 70
1655. Arago. Les bleus et les blancs. 2 vol. *Hetzel*. . . . 4 20
1656. Ranc. Le roman d'une conspiration. *Marpon*. . . . 2 45
☞ Wovzog et Stahl. Maroussia. ✧ *Hetzel*. 2 10
1657. Hager. Le drapeau de Valmy. *Dreyfous* 2 10

Romans d'histoire contemporaine.

353. Erckmann-Chatrian. Histoire du plébiscite. in-4. 3
    vign. *Hetzel*. 1 40
☞ Erckmann-Chatrian. Le brigadier Frédéric. in-4. 17 vig.
    Hetzel . . . . » 85
☞ Erckmann-Chatrian. Le banni (suite du brigadier Fré-
    déric). in-4. 17 vign. *Hetzel*. . . . . » 85
354. Erckmann-Chatrian. Maître Gaspard Fix. in-4. 30 vign.
    Hetzel. 1 40
355. Erckmann-Chatrian. Alsace. *Hetzel* 2 10
☞ Mad. Boissonnas. Une famille pendant la guerre.
    ✧ *Hetzel* 2 10

☞ **Henty**. Les jeunes francs-tireurs. gr. in-8. 28 vign.
    Hachette **3 75
1658. **Salières**. Une poignée de héros. *Baudoin* 2 40

No. — Romans militants.

Roman satirique.

3445. Les aventures de maître Renard et d'Ysengrin son
    compère, éd. Paulin Pâris. *Téchener* 3 25
4383. **Bulwer**. Pelham, aventures d'un gentilhomme. 2 vol.
    Hachette 1 80
1659. **Dickens**. Aventures de M. Pickwick. 2 vol. *Hachette*. 1 80
1660. **Dickens**. Vie et aventures de Martin Chuzzlewit. 2 vol.
    Hachette. 1 80
1661. **Reybaud**. Jérôme Paturot à la recherche d'une posi-
    tion sociale. ⊕ *Lévy*. . . . . » 70
1662. **Thackeray**. La foire aux vanités. 2 vol. *Hachette* . . 1 80
1663. **Thackeray**. Le livre des Snobs. *Hachette* . . . . . » 90
1664. **Thackeray**. Histoire de Pendennis. 3 vol. *Hachette* . 2 70
1665. **Sandeau**. Sacs et parchemins. ⊕ *Lévy*. . . . . . . * 70
4384. **Jerrold**. Sous les rideaux. *Hachette*. . . . . » 90
4385. **Erckmann-Chatrian**. L'illustre docteur Mathéus. in-4.
    20 vign. *Hetzel*. . . . . 1 »
1666. **Laboulaye**. Le prince Caniche. *Charpentier* 2 50
356. **Sarcey**. Les misères d'un fonctionnaire chinois. *Lévy*. 2 45
1667. **Daudet**. Aventures prodigieuses de Tartarin de Ta-
    rascon. *Dentu*. 2 10
1668. **Pessard**. Yo et les principes de 89. *Marpon*. 2 10

Roman humanitaire, roman social.

1669. **Godwin**. Caleb Williams. 2 vol. *Lévy*. 1 40
1670. **Dickens**. Olivier Twist. *Hachette*. . . . . » 90
1671. **Dickens**. Bleak-House. 2 vol. *Hachette* 1 80
1672. **Dickens**. La petite Dorrit. 2 vol. *Hachette*. 1 80
1673. **Dickens**. Barnabé Rudge. 2 vol. *Hachette*. 1 80
1674. **Dickens**. Les temps difficiles. *Hachette* . . . . . . » 90
4386. **Hildreth**. L'esclave blanc. *Hachette* . . . . » 90
1675. **George Sand**. Le péché de M. Antoine. 2 vol. ⊕ *Lévy* 1 40
1676. **George Sand**. Le meunier d'Angibault. ⊕ *Lévy* . . . . » 70

1677. **Tourguéneff.** Mémoires d'un seigneur russe. 2 vol.
     Hachette. 1 80
1678. **Tourguéneff.** Les pères et les enfants. *Charpentier.* . 2 50
1679. **Tourguéneff.** Terres vierges. *Hetzel* 2 10
1680. **Souvestre.** L'homme et l'argent. ✿ *Lévy* . . . . . . » 70
☞ **Mad. Beecher Stowe.** La case de l'oncle Tom. *Hachette.* » 90
1681. **Mügge.** Afraja. 2 vol. *Hachette* 1 80
☞ **Mad. Gaskell.** Nord et Sud. 2 vol. *Hachette* 1 80
☞ **Mad. Gaskell.** Marie Barton. *Hachette* . . . . » 90
1682. **Victor Hugo.** Les misérables. 5 vol. ✿ *Hachette* . . . 12 50
4387. **La Landelle** Pauvres et mendiants. *Didier* 2 50
1683. **Mad. Craik.** Maîtresse et servante. *Grassart* 2 45

Roman politique.

4388. **Disraeli.** Sybil. 2 vol. *Hachette* 1 80
4389. **Disraeli.** Lothair. 2 vol. *Hachette* 1 80
☞ **Laboulaye.** Paris en Amérique. *Charpentier* 2 50
1684. **Grenville-Murray.** Le jeune Brown. 2 vol. *Hachette.* . 1 80
4390. **Dyonis.** Les funérailles du passé. *Marpon* 2 45

Romans anticléricaux.

357. **Mad. Gagneur.** La croisade noire. *Dentu.* 2 50
1685. **Mad. Gagneur.** Le chevalier de sacristie. *Dentu.* . . 2 50
1686. **George Sand.** Mademoiselle la Quintinie. *Levy* . . . 2 45
☞ **Erckmann-Chatrian.** Histoire d'un sous-maître. in-4.
     18 vign. *Hetzel* . . . . » 90
358. **Erckmann-Chatrian.** Le grand-père Lebigre. in-4. 18
     vign. *Hetzel.* . . . . » 90
4391. **Robert Halt.** Une cure du docteur Pontalais. *Dentu* . » 70
392. **Dyonis.** Mgr l'évêque d'Ylaguirre. *Dentu* 2 50

No. — Romans philosophiques.

3446. **Swift.** Voyages de Gulliver. vign. ✿ *Garnier* 1 50
☞ **Swift.** Voyages de Gulliver, abrégés. 57 vign. *Ha-*
     chette. 1 50
359. **Voltaire.** Zadig ou la destinée. *Hachette.* . . . . . . » 40
360. **Zschokke.** Alamontade, éd. abrégée. *Hachette* . . . . » 40
☞ **Souvestre.** Un philosophe sous les toits. ✿ *Lévy.* . . » 70
1687. **Eug. Sue.** Les sept péchés capitaux. 6 vol. ✿ *Lévy* . 4 20

1688. **Laboulaye. Abdallah.** *Charpentier* 2 50
1689. **Noël.** Mémoires d'un imbécile. *Baillière.* 2 45
1690. **Eug. Nus.** Nos bêtises. *Dentu.* 2 50

O. — ETHNOGRAPHIE

Oa. — Voyageurs et marins.

1691. **Marco Polo.** Voyage en Chine. *Dreyfous* 1 40
  361. **Vidal.** La vie et les voyages de Marco Polo. in-8.
      6 cartes, 24 vign. *Hachette.* 1 10
1692. **F. Colomb.** Découvertes de Christophe Colomb, racon-
      tées par son fils. *Dreyfous.* 1 40
3447. **Irving.** Vie et voyages de Christophe Colomb. 3 vol.
      in-8. *Marpon* 12 60
3448. **Deschanel.** Christophe Colomb et Vasco de Gama. *Lévy.*   2 45
  362. **Verne.** Christophe Colomb. in-8. *Hetzel.* 1 35
      Girardin. La vie et les voyages de Christophe Colomb,
      d'après Irving. in-8. carte, 8 vign. *Hachette.* . . .   1 10
  363. **Girardin.** Voyages et découvertes des compagnons de
      Colomb. in-8. 5 cartes, 8 vign. *Hachette* 1 10
      Vast. Vasco de Gama et Magellan. in-8. 2 cartes.
      13 vign. *Hachette* 1 10
1693. **Bougainville.** Voyage autour du monde. *Dreyfous* . .   1 40
      Cook. Premier voyage autour du monde. *Dreyfous* .   1 40
      Cook. Deuxième voyage autour du monde. *Dreyfous.*   1 40
      Cook. Troisième voyage autour du monde. *Dreyfous.*   1 40
  364. **La Pérouse.** Voyage autour du monde. *Dreyfous* . . .   1 40
1694. **J.-B. de Lesseps.** Du Kamtchatka à Paris. *Dreyfous* .   1 40
  365. **Mungo-Park.** Voyages en Afrique. *Dreyfous* 1 40
  366. **Dumont d'Urville.** Second voyage autour du monde.
      Dreyfous 1 40
1695. **Verne.** Découverte de la terre. 2 vol. *Hetzel.* 4 20
1696. **Verne.** Les grands navigateurs du XVIIIe siècle. 2 vol.
      Hetzel 4 20
1697. **Verne.** Les voyageurs du XIXe siècle. 2 vol. *Hetzel.*   4 20
  367. **Cat.** Les grandes découvertes maritimes du XIIIe au
      XVIe siècle. 10 vign. *Degorce* 1 70

1698. **De Lanoye**. Le Nil, son bassin et ses sources. Carte,
32 vign. *Hachette* 1 60

1699. **Vattemare**. A travers l'Australie. in-8. 4 cartes, 49
vign. *Hachette*. 1 10

368. **Dupin**. Livingstone. *Grassart* . . . . » 70

1700. **Stanley**. Voyages de Livingstone. in-16. carte, *Dreyfous* » 35

369. **Gaffarel**. Les explorations françaises depuis 1870.
6 cartes, 14 vign. *Degorce* 1 75

Ob. — Voyages d'explorations modernes.

Afrique : bassin du Niger et Sahara.

3449. **Barth**. Voyages et découvertes en Afrique. 4 vol.
in-8. carte, 96 vign. *Marpon*. . . . . 14 »

3450. **Le Lt Mage**. Voyage dans le Soudan occidental. carte,
26 vign. *Hachette* 1 60

1701. **Soleillet**. Voyages et découvertes dans le Sahara et
le Soudan. carte. *Dreyfous*. 1 40

1702. **Largeau**. Le Sahara algérien, premier voyage. 3 cartes,
17 vign. *Hachette* . . . . 3 »

1703. **Largeau**. Le pays de Rirha, Ouargla, Rhadamès.
carte, 12 vign. *Hachette* . . . . 3 »

1704. **Brosselard**. La première mission Flatters au pays
des Touaregs. 40 vign. *Jouvet*. 1 50

3451. **Marche**. Trois voyages : Sénégal, Gambie, Gabon.
24 vign. *Hachette* . . . . 3 »

Afrique : région des grands lacs.

3452. **Livingstone**. Explorations dans l'intérieur de l'Afrique
australe, 1840-56. gr. in-8. 2 cartes, 45 vign. *Hachette*. ***7 50

3453. **Burton**. Voyage aux grands lacs de l'Afrique orientale. gr. in-8. carte, 37 vign. *Hachette*. 7 50

370. **Burton**. Voyages aux grands lacs d'Afrique, à la
Mekke, éd. abrégée. 3 cartes, 12 vign. *Hachette* 1 60

3454. **Speke**. Journal de la découverte des sources du Nil,
1860-1863. gr. in-8. 3 cartes, 78 vign. *Hachette*. . 7 50

Speke. Les sources du Nil, éd. abrégée. 3 cartes,
24 vign. *Hachette* 1 60

3455. **Baker**. Découverte de l'Albert N'Yanza. gr. in-8. 2
cartes, 30 vign. *Hachette*. 7 50

371. **Baker**. Exploration du Haut-Nil. in-8. carte, 20 vign. *Hachette*. 1 10
3456. **Livingstone**. Explorations du Zambèse, 1858-1864. gr. in-8. 4 cartes, 47 vign. *Hachette*. **7 50
3457. **Livingstone**. Dernier journal, 1866-1873. 2 vol. gr. in-8. 4 cartes, 60 vign. *Hachette*. . . . .**15 »
372. **Livingstone**. Voyages en Afrique, abrégés. in-8. carte, 75 vign. *Hachette*. 1 10
1705. **Livingstone**. Dernier journal, éd. abrégée. carte, 16 vign. *Hachette*. 1 60
3458. **Stanley**. Comment j'ai retrouvé Livingstone. gr. in-8. 6 cartes, 60 vign. *Hachette*. 7 50
☞ **Stanley**. Comment j'ai retrouvé Livingstone, éd. abrégée. carte, 16 vign. *Hachette* 1 60
3459. **Baker**. Ismaïlia. gr. in-8. 2 cartes, 56 vign. *Hachette* 7 50
373. **Baker**. L'Afrique équatoriale. in-8. carte, 26 vign. *Hachette*. 1 10
3460. **Schweinfurth**. Au cœur de l'Afrique, 1868-1871. 2 vol. gr. in-8. 2 cartes, 139 vign. *Hachette* . . . .**15 »
1706. **Schweinfurth**. Au cœur de l'Afrique. éd. abrégée. carte, 16 vign. *Hachette* 1 60
374. **Marquis de Compiègne**. Gabonais, suivi de Okanda. 2 vol. 2 cartes, 16 vign. *Plon* . . . . 6 »
461. **Cameron**. A travers l'Afrique, gr. in-8. carte, 129 vign. *Hachette* 7 50
☞ **Stanley**. Lettres sur la découverte du Congo. carte. *Dreyfous* 1 10
3462. **Stanley**. A travers le continent mystérieux. 2 vol. gr. in-8. 9 cartes, 150 vign. *Hachette*. . . . . . . 15 »
3463. **Serpa Pinto**. Comment j'ai traversé l'Afrique. 2 vol. gr. in-8. 15 cartes, 160 vign. *Hachette* . . . . . .**15 »

Asie centrale.

3464. **Vambéry**. Voyages d'un faux derviche dans l'Asie centrale. gr. in-8. carte, 34 vign. *Hachette*. . . . 7 50
☞ **Vambéry**. Voyages d'un faux derviche, éd. abrégée. carte, 16 vign. *Hachette* 1 60
3465. **Prjévalski**. Mongolie et pays des Tangoutes. gr. in-8. 4 cartes, 42 vign. *Hachette* 7 50
1707. **Karazine**. Le pays où l'on se battra. *Dreyfous* . . . 1 40

Amérique.

Agassiz. Voyage au Brésil, éd. abrégée. carte, 16 vign.
Hachette. 1 60

3466. **Milton et Cheadle**. Voyage de l'Atlantique au Pacifique. gr. in-8. 2 cartes, 16 vign. *Hachette* 7 50

1708. **Milton et Cheadle**. De l'Atlantique au Pacifique, éd. abrégée. 2 cartes, 16 vign. *Hachette* 1 60

375. **Vattemare**. L'Amérique septentrionale et les Peaux-Rouges. in-8. 2 cartes, 16 vign. *Hachette* 1 10

3467. **A. Reclus**. Panama et Darien. 4 cartes, 60 vign. *Hachette*. . . . . 3 »

3468. **Daireaux**. Buenos-Ayres, le Pampa, Patagonie. carte, 24 vign. *Hachette* . . . . 3 »

Mers polaires.

Hervé et Lanoye. Voyages dans les glaces du pôle arctique, 1818-1835. 2 cartes, 40 vign. *Hachette*. 1 60

F. de Lanoye. La mer polaire, 1845-1859. 3 cartes, 26 vign. *Hachette*. 1 60

Le lieutenant Bellot. Journal d'un voyage aux mers polaires. carte. *Garnier* 2 50

376. **Gros**. Les explorations des régions polaires depuis Bellot. *Dreyfous*. 1 40

1709. **Dubois**. Le pôle et l'équateur. 2 vol. 2 cartes. *Lecoffre*. 3 »

377. **Hayes**. La mer libre du pôle, éd. abrégée. carte, 14 vign. *Hachette* 1 60

3469. **Hayes**. La terre de désolation, excursion d'été au Groenland. gr. in-8. carte, 40 vign. *Hachette*. . . 7 50

Hall. Deux ans chez les Esquimaux. in-8. 47 vign. *Hachette*. 1 10

Fonvielle. Le glaçon du *Polaris*. 19 vignettes. *Hachette*. 1 60

1710. **Gourdault**. Voyages de la *Hansa* et de la *Germania*. gr. in-8. 3 cartes, 80 vign. *Hachette* 7 50

3470. **Payer**. L'expédition du *Tegetthoff*. gr. in-8. 2 cartes, 67 vign. *Hachette* 7 50

Payer. La terre de François-Joseph, éd. abrégée. in-8. 2 cartes, 75 vign. *Hachette* 1 10

3471. **Nares**. Voyage à la mer polaire. gr. in-8. 2 cartes, 62 vign. *Hachette* 7 50

1711. **Nordenskiold**. Lettres sur la découverte du passage
du Nord-Est. carte. *Dreyfous*. 1 40

Oc. — Géographie politique.

Géographie universelle

378. **Malte-Brun**. Géographie universelle, éd. refondue par
Lavallée. 6 vol. in-4. 45 grav. *Furne*. . . . . ***48 »
Raffy. Lectures géographiques :
379. — Géographie générale, histoire de la géographie.
Pédone 2 10
380. — France. *Pédone*. 2 10
381. — Europe. *Pédone* 2 10
382. — Asie et Afrique. *Pédone*. 2 10
383. — Amérique et Océanie. *Pédone* 2 10
☞ **Onésime Reclus**. La terre à vol d'oiseau (moins la
France) 2 vol. 175 vignettes. *Hachette* ***7 50
1712. **Jules Duval**. Notre planète. *Hachette* 2 50

France, Algérie et colonies.

☞ **Onésime Reclus**. France, Algérie et colonies. 120 vignettes. *Hachette* ***4 15
384. **E. Reclus**. La France. in-4. 245 cartes, 60 grav. ou
vign. *Hachette*. ***22 50
1713. **Jules Duval**. Notre pays. *Hachette*. . . . .   » 90
4393. **Verne**. Géographie de la France. in-4. 100 cartes,
100 vign. *Hetzel*. . . . . ***7 »
☞ **Mad. H. Meunier**. Géographie industrielle de la France.
4 cartes, 14 vign. *Fischbacher* 1 45
1714. **Simonin**. Les grands ports de commerce de France.
Hachette. 2 50
1715. **Niel**. Géographie de l'Algérie. 2 vol. 3 cartes. *Challamel* . . . .   7 »
1716. **Niel**. Tunisie. carte. *Challamel* . . . .   3 »
1717. **Gaffarel**. L'Algérie. in-4. 3 cartes, 204 vign. *Didot*. . ***22 50
385. **Lemonnier**. Une seconde France : l'Algérie. carte, 3
vign. *Lib. centrale*. . . . .   » 70
386. **Gaffarel**. Les colonies françaises. in-8. *Baillière*. . .   3 50
1718. **Faure-Biguet**. Nouvelle-Calédonie. 5 cartes. *Ghio*. . .   1 50

Europe.

3472. **E. Reclus.** Belgique, Hollande, Iles britanniques. in-4. 211 cartes, 81 grav. ou vign. *Hachette.* . . .**22 50
1719. **Lacombe.** L'Angleterre. in-16. carte, 9 vign. *Hachette* » 37
1720. **Simonin.** Les ports de la Grande-Bretagne. *Hachette.* 2 50
3473. **E. Reclus.** Suisse, Austro-Hongrie, Allemagne. in-4. 220 cartes, 70 grav. ou vign. *Hachette* **22 50
1721. **Gourdault.** La Suisse pittoresque. gr. in-8. 126 vign. *Hachette.* 2 25
3474. **E. Reclus.** L'Europe scandinave et russe. in-4. 209 cartes, 76 grav. ou vign. *Hachette* **22 50
3475. **E. Reclus.** L'Europe méridionale. 178 cartes, 73 grav. ou vign. *Hachette* **22 50
1722. **Gourdault.** L'Italie pittoresque. gr. in-8. 87 vign. *Hachette.* 2 25

Asie, Afrique, Amérique, Océanie.

3476. **E. Reclus.** L'Asie russe, in-4. 190 cartes, 89 grav. ou vign. *Hachette* **22 50
3477. **E. Reclus.** Chine, Japon. in-4. 169 cartes, 90 grav. ou vign. *Hachette* **22 50
3478. **E. Reclus** Inde et Indo-Chine. in-4. 207 cartes, 90 grav. ou vign. *Hachette* **22 50
4394. **Jouan.** Les îles du Pacifique. in-16. carte. *Baillière* . » 42

Géographie commerciale.

1723. **Bainier.** Géographie appliquée à la marine, au commerce, à l'industrie. 2 vol. gr. in-8. *Belin* . . . . 30 »

Od. — Mœurs, coutumes, institutions.

Peuples anciens.

1724. **L'abbé Barthélemy.** Voyage du jeune Anacharsis en Grèce. 3 vol. et atlas. *Hachette.* 4 20
3479. **Tacite.** Mœurs des Germains. in-32. *Bib. nationale* . » 18
3480. **Pellisson.** Les Romains au temps de Pline-le-Jeune. *Degorce* 1 75
387. **Marc Monnier.** Pompéi et les Pompéiens, éd. expurgée. 20 vign. *Hachette.* 1 60
7425. **Hanoteaux.** Les villes retrouvées. 80 vign. *Hachette* . 1 60

Idées, croyances, usages, traditions.

1726. **Ordinaire**. Dictionnaire de mythologie. *Hetzel*. . . . 2 10
388. **Figuier**. Histoire du merveilleux dans les temps modernes. 4 vol. *Hachette* . . . . 10 »
3481. **Maury**. La magie et l'astrologie dans l'antiquité et au moyen âge. *Didier* 2 50
389. **Saintine**. Mythologie du Rhin. gr. in-8. 29 vign. *Hachette* **3 75
1727. **Baissac**. Histoire du diable. in-8. *Dreyfous* 5 25
1728. **Bernard**. Les fêtes célèbres. 23 vign. *Hachette*. . . . 1 60
1729. **Gazeau**. Les bouffons. 63 vign. *Hachette* 1 60
390. **Lévy**. La légende des mois. 57 vign. *Hachette*. . . . » 70
4395. **Muller**. Histoire du jour de l'an et des étrennes. gr. in-8. 150 vign. *Dreyfous* 10 50
3482. **Marmier**. Légendes des plantes et des oiseaux. *Hachette* 2 50
4396. **Dubarry**. Nos aliments, histoire et anecdotes. 15 vign. *Delagrave* . . . . » 70
3483. **Marc Monnier**. Contes populaires en Italie. *Charpentier* 2 50

Étude des peuples modernes.

1730. **Ducamp**. Paris et ses organes. 6 vol. *Hachette*. . . . 15 »
4397. **Leneveux**. Paris municipal. in-16. *Baillière* . . . . . » 42
☞ **Souvestre**. Les derniers Bretons. 2 vol. *Lévy* 1 40
1731. **Pelletan**. La naissance d'une ville. in-8. *Marpon* . . 1 40
4398. **Engelhard**. Souvenirs d'Alsace. *Berger-Levrault*. . . . 2 25
☞ **Esquiros**. L'Angleterre et la vie anglaise. 5 vol. *Hetzel* 10 50
1732. **Escott**. L'Angleterre. 2 vol. in-8. *Dreyfous* 10 50
1733. **De Fonblanque**. L'Angleterre, son gouvernement, ses institutions. in-8. *Baillière* 3 50
4399. **Larocque**. L'Angleterre et le peuple anglais. carte. *Degorce* 1 75
1734. **G. de Beaumont**. L'Irlande sociale, politique et religieuse. 2 vol. *Lévy* 1 40
☞ **Wallace**. La Russie. 2 vol. *Dreyfous* 4 90
4400. **Hillebrand**. La Prusse contemporaine. *Baillière*. . . 2 45
4401. **Bourloton**. L'Allemagne contemporaine. *Baillière* . . 2 45
3484. **Wuttke**. Le fonds des reptiles. *Dreyfous* 2 10
3485. **Legoyt**. La Suisse. in-8. *Levrault*. 4 50

4402. **Marc Monnier**. Histoire du brigandage dans l'Italie méridionale. *Lévy*. 1 40

4403. **Dubarry**. Le brigandage en Italie. *Plon* 2 65

4404. **Mad. Colet**. Les derniers abbés, mœurs religieuses d'Italie. *Dentu* 2 10

3486. **A. de Latour**. La baie de Cadix. *Lévy*. 2 45

3487. **A. de Latour**. Tolède et les bords du Tage. *Lévy*. . 2 45

3488. **A. de Latour**. L'Espagne religieuse et littéraire. *Lévy*. 2 45

3489. **Vogel**. Le Portugal et ses colonies. in-8. *Guillaumin*. 6 40

3490. **Heuschling**. L'empire de Turquie. in-8. *Guillaumin*. 5 65

1735. **F. de Lanoye**. La Sibérie. carte, 40 vign. *Hachette*. . 1 60

3491. **Pauthier et Bazin**. Chine moderne. in-8. 16 grav. *Didot* 4 50

3492. **L'abbé Girard**. Vie publique et privée des Chinois. 2 vol. in-8. *Challamel*. . . . . 12 »

1736. **Mis de Courcy**. L'empire du Milieu. in-8. *Didier* . . **6 30

391. **Villetard**. Le Japon. in-8. carte, 40 vign. *Hachette*. . 1 10

392. **Bousquet**. Le Japon de nos jours. 2 vol. in-8. 3 cartes. *Hachette*. 11 25

1737. **A. de Fontpertuis**. Chine, Japon, Siam et Cambodge. 16 vign. *Degorce* 1 75

3493. **La Cochinchine française**, publié pour l'exposition de 1878. in-8. *Challamel*. . . . . 6 »

1738. **Postel**. L'Extrême-Orient : Cochinchine, Annam, Tonking. carte, 10 vign. *Degorce*. 1 75

1739. **Boüinais et Paulus**. La Cochinchine contemporaine. in-8. carte. *Challamel* . . . . 6 »

3494. **Hartmann**. Les peuples de l'Afrique. in-8. 93 vign. *Baillière*. *4 20

1740. **Hervé**. L'Egypte (ancienne et moderne). carte, 87 vign. *Jouvet*. 1 50

3495. **Gal Daumas**. La vie arabe et la société musulmane in-8 *Lévy* 5 60

3496. **Gal Daumas**. Les chevaux du Sahara et les mœurs du désert. *Lévy*. 2 45

393. **Wahl**. L'Algérie. in-8. *Baillière*. 3 50

1741. **Mercier**. L'Algérie en 1880. in-8. *Challamel*. . . . . 4 »

4405. **Ardouin**. Études algériennes. in-8. *Guillaumin* . . . 4 50

4406. **Ricard**. Le Sénégal. *Challamel* 2 80

1742. **Lacaze**. Souvenirs de Madagascar. gr. in-8. carte. *Levrault*. 3 20

1743. **Jonveaux.** L'Amérique actuelle. *Charpentier*. 2 50
 394. **Simonin.** Le monde américain. 21 vign. *Hachette* . . 3 »
1744. **A. d'Assier.** Le Brésil contemporain. in-8. *Pédone*. . 3 75
1745. **A. de Fontpertuis.** Les états latins de l'Amérique.
    Degorce 1 75
1746. **Jacobs.** L'Océanie nouvelle (1861). *Lévy* 2 45

Voyages.

 395. **Havard.** La Hollande pittoresque. 3 vol., 2 cartes,
    28 vign. ✧ *Plon*. . . . . 9 »
1747. **Th Gautier.** Voyage en Russie. *Charpentier* 2 50
 396. **Léouzon-Leduc.** 29 ans sous l'étoile polaire : l'ours du
    Nord ou Russie. *Dreyfous* 1 40
 397. **Léouzon-Leduc.** Le renne (Finlande, Laponie). *Dreyfous* 1 40
 398. **Léouzon-Leduc.** L'élan (Suède, Norwège). *Dreyfous*. . 1 40
1748. **Mad. de Gasparin.** A travers les Espagnes. *Lévy*. . . 2 45
 399. **About.** La Grèce contemporaine. 24 vign. *Hachette* . 3 »
1749. **Gilliéron.** Grèce et Turquie. 4 vign. *Sandoz* 1 05
1750. **Belle.** Trois années en Grèce. carte, 32 vign. *Hachette*. 3 »
1751. **Mad. de Gasparin.** A Constantinople. *Lévy*. 2 45
1752. **Th. Gautier.** Constantinople. *Lévy* 2 45
1753. **Mad. de Gasparin.** Journal d'un voyage au Levant.
    2 vol. *Lévy* 1 40
1754. **M^{al} de Moltke.** Lettres sur l'Orient. *Fischbacher* . . . 2 55
1755. **Reinach.** Voyage en Orient. 2 vol. *Charpentier*. . . . 5 »
☞ **Le père Huc.** Souvenirs d'un voyage dans la Tartarie
    et au Thibet. 2 vol. carte. *Gaume*. . . . . . . 6 »
☞ **Le père Huc.** L'empire chinois. 2 vol. carte. *Gaume*. 6 »
☞ **Jurien de la Gravière.** Voyage de la *Bayonnaise* dans
    les mers de Chine. 2 vol. 2 cartes, 10 vign. *Plon*. 6 »
1756. **Mouhot.** Voyage dans le royaume de Siam. carte,
    28 vign. *Hachette* 1 60
3497. **Lemire.** La Cochinchine française et le Cambodge.
    4 cartes. *Challamel* **3 30
1757. **Jacquemont.** Lettres écrites de l'Inde à sa famille et
    à ses amis. 2 vol. *Lévy* 4 90
 400. **Rousselet.** Les royaumes de l'Inde. in-8. 39 vign.
    Hachette 1 10
3498. **Palgrave.** Une année de voyage dans l'Arabie centrale.
    2 vol. gr. in-8. carte, 4 plans. *Hachette* 7 50

401. **Palgrave.** Une année dans l'Arabie centrale, éd. abré-
     gée. carte, 13 vign. *Hachette* . , ... 1 60
403. **Charmes.** Cinq mois au Caire. *Charpentier.* . . , . . . 2 50
☞ **Clamageran.** L'Algérie. *Baillière.* 2 45
1758. **Bourde.** A travers l'Algérie. *Charpentier* 2 50
1759. **Mad. Pfeiffer.** Voyage à Madagascar. carte, 24 vign.
     Hachette. . . . . 3 »
404. **Lamothe.** Cinq mois chez les Français d'Amérique.
     carte, 24 vign. *Hachette.* . . . . 3 »
3499. **Dixon.** La conquête blanche. gr. in-8. 2 cartes, 118
     vign. *Hachette.* 7 50
1760. **Dixon.** Les États-Unis d'Amérique. in-8. 20 vign.
     Hachette. 1 40
☞ **Simonin.** Le Grand-Ouest des États-Unis. carte. *Char-
     pentier* 2 50
1761. **Simonin.** A travers les États-Unis. *Charpentier* . . . 2 50
1762. **Clerc.** Voyage au pays du pétrole. *Degorce* 1 75
1763. **Leuba.** La Californie. *Sandoz.* 2 50
405. **E. Reclus.** Voyage à la Sierra-Nevada de Sainte-Marthe.
     carte, 21 vign. *Hachette* . . . . 3 »
1764. **Radiguet.** Souvenirs de l'Amérique espagnole. *Lévy.* 2 45
406. **Wallace.** La Malaisie. in-8. 6 cartes, 57 vign. *Hachette.* 1 10
1765. **Radiguet.** Les derniers sauvages, souvenirs des îles
     Marquises. *Lévy.* . . . . » 70
1766. **Garnier.** Nouvelle-Calédonie. carte, 4 vign. *Plon.* . . 3 »
1767. **Garnier.** Iles des Pins, Loyalty, Tahiti, carte, 4 vign.
     Plon . . . . 3 »
3500. **Lemire.** La colonisation française en Nouvelle-Calé-
     donie. vign. *Challamel.* 4 80
3501. **D'Albertis.** La Nouvelle-Guinée. 2 cartes, 64 vign.
     Hachette. . . . . 3 »
1768. **Dumont-d'Urville.** Voyage (supposé) autour du monde.
     2 vol. in-4. 2 cartes, 45 grav. *Jouvet.* . . . .**20 »
☞ **Mad. Pfeiffer.** Voyage d'une femme autour du monde.
     carte, 32 vign. *Hachette* . . . .**3 »
407. **Mad. Pfeiffer.** Mon second voyage autour du monde.
     carte, 32 vign. *Hachette* . . . .**3 »
Comte de Beauvoir. Voyage autour du monde. ◊:
☞   —   Australie. 2 cartes, 12 vign. *Plon.* 3 »

408. **Comte de Beauvoir.** Java, Siam, Canton. carte, 14 vign.
              Plon . . . . 3 »
1769.   —   Pékin, Yeddo, San-Francisco. 4
              cartes, 15 vign. *Plon*. . . . . . 3 »
409. **Baron de Hubner.** Promenade autour du monde. 2 vol.
          48 vign. ✧ *Hachette* . . . . **6 »
1770. **Lord Dufferin.** Lettres écrites des régions polaires.
          gr. in-8. 2 cartes, 41 vign. *Hachette* 2 25
              Mœurs militaires et marines.
1771. **Cte de Castellane.** Souvenirs de la vie militaire en
          Afrique. *Lévy*. 2 45
           La Landelle. Le tableau de la mer :
1772.   —   La vie navale. *Hachette*. 2 50
1773.   —   Les marins. *Hachette* 2 50
1774.   —   Les mœurs maritimes. *Hachette* 2 50
1775.   —   Naufrages et sauvetages. *Hachette*. . . 2 50
410. **Basil Hall.** Scènes de la vie maritime. *Hachette*. . . » 90
1776. **Basil Hall.** Scènes du bord et de la terre ferme. . . » 90

Oe. — Scènes et récits.

Tableaux de mœurs.

☞ **Stauben.** Scènes de la vie juive en Alsace. *Lévy*. . » 70
☞ **Mad. Holland.** La vie de village en Angleterre. *Didier*. 2 50
1777. **Du Chaillu.** Le pays du soleil de minuit. in-4. vign.
          Lévy . . . . 12 »
411. **Mlle Martineau.** Le fiord. *Grassart* 1 75
1778. **E. de Amicis.** La Hollande. 24 vign. *Hachette* . . . 3 »
412. **Grenville Murray.** Les Allemands chez les Allemands.
          Dreyfous 2 10
1779. **Kompert.** Scènes du Ghetto. *Lévy* . . . . » 70
413. **Grenville Murray.** Les Russes chez les Russes. *Dreyfous*. 2 10
1780. **E. de Amicis.** L'Espagne. 24 vign. *Hachette*. . . . . 3 »
1781. **E. de Amicis.** Constantinople. 24 vign. *Hachette*. . . 3 »
414. **Jourdan.** Croquis algériens. *Quantin*. 2 10
1782. **Comettant.** Le nouveau monde. *Marpon* . . . . . · 2 45
415. **Johnson.** Dans l'extrême Far-West. 20 vign. *Hachette*. 1 60
☞ **Gabriel Ferry.** Le capitaine Ruperto Castagnos.
          Dreyfous. 1 40

41 6. **Gabriel Ferry**. Aventures au pays des caciques. *Dreyfous* 1 40

417. **Biart**. La terre chaude. *Charpentier* 2 50

418. **Biart**. La terre tempérée. *Hetzel*. 2 10

☞ **Catlin**. La vie chez les Indiens. 25 vign. *Hachette*. . 1 60

419. **Lesbazeilles**. Les merveilles du monde polaire. 38 vign. *Hachette* 1 60

Scènes familières.

1783. **Töppfer**. Premiers voyages en zig-zag. in-4. 35 gr. vign. *Garnier*. . . . . **9 »

1784. **Töppfer**. Nouveaux voyages en zig-zag. in-4. 48 gr. 320 vign. *Garnier*. . . . . **9 »

3502. **Mad. de Gasparin**. La bande du Jura. 4 vol. *Lévy*. . 9 »

☞ **Alex. Dumas**. Histoire de mes bêtes. ✧ *Lévy* . . . . » 70

420. **Achard**. Histoire de mes amis. 25 vign. *Hachette*. . 1 60

421. **G. de Cherville**. La vie à la campagne. *Dreyfous*. . 2 10

1785. **G. de Cherville**. Pauvres bêtes et pauvres gens. *Dreyfous* 2 10

Récits de chasse et de pêche.

422. **Méry**. La chasse au chastre. *Lévy* . . . . » 70

423. **Jules Gérard**. Voyages et chasses dans l'Himalaya. *Lévy* . . . . » 70

424. **Féré**. Les régions inconnues. *Dentu* 2 10

☞ **Jules Gérard**. Le tueur de lions. *Hachette* 1 50

1786. **Jules Gérard**. La chasse au lion. vign. ✧ *Lévy* . . . » 70

425. **Jules Gérard**. Mes dernières chasses. *Lévy* . . . . . » 70

☞ **Bombonnel**. Le tueur de panthères. *Hachette* 1 50

4407. **Chassaing**. Mes chasses au lion. vign. *Dentu*. . . . 2 10

426. **Béchade**. La chasse en Algérie. *Lévy* . . . . » 70

4408. **Alex. Dumas**. La vie au désert. 2 vol. *Lévy* 1 40

427. **Baldwin**. Récits de chasse. in-8. 35 vign. *Hachette*. 1 10

428. **Armand**. Mes chasses à la frontière des Indiens. 2 vol. *Didot* 3 75

1787. **Révoil**. Bourres de fusil. *Dentu* 2 10

1788. **Révoil**. Histoires de chasse. *Didier* 2 10

429. **Maynard**. Un drame dans les mers boréales. *Lévy* . 2 45

Descriptions.

3503. **George Sand**. Promenades autour d'un village. *Lévy*. » 70

3504. **Mad. Quinet.** Sentiers de France. *Dentu* 2 50
1789. **Benner.** Le livre de la patrie. 69 vign. *Weill* . . . *1 20
1790. **Taine.** Voyage aux Pyrénées. 24 vign. ✧ *Hachette* . 3 »
 430. **Saintine.** Le chemin des écoliers. ✧ *Hachette*. . . . 2 50
4409. **Montégut.** Souvenirs de Bourgogne. 24 vign. *Hachette* 3 »
4410. **Montégut.** En Bourbonnais et en Forez. 24 vign.
   Hachette . . . . 3 »
 431. **Victor Hugo.** Le Rhin. in-4. 20 vign. *Hachette* . . . 3 »
1791. **Lamartine.** Voyage en Orient. 2 vol. *Hachette* . . . 5 »
1792. **Fromentin.** Un été dans le Sahara. *Plon*. 2 65
1793. **Fromentin.** Une année dans le Sahel. *Plon* 2 65
 432. **Gabriel Ferry.** Scènes de la vie sauvage au Mexique
   Charpentier 2 50
 433. **Maurice Sand.** 6000 lieues à toute vapeur. *Lévy* . . 2 45
1794. **Plauchut.** Le tour du monde en 120 jours. *Lévy*. . 2 45
1795. **Petit.** Les grands incendies. 34 vign. *Hachette*. . . 1 60

Of. — Aventures de voyages.

 434. **Alex. Dumas.** Impressions de voyage dans le midi de
   la France. 2 vol. *Lévy* 1 40
 ☞ **Alex. Dumas.** Impressions de voyage en Suisse. 3 vol.
   ✧ *Lévy* 2 10
1796. **Desbarolles.** Voyage en Suisse à 3 fr. 50 par jour. *Lévy*. 2 45
 ☞ **Alex. Dumas.** Les bords du Rhin. 2 vol. ✧ *Lévy*. . . 1 40
 435. **Alex. Dumas.** Impressions de voyage en Russie. 4 vol.
   ✧ *Lévy* 2 80
 436. **Alex. Dumas.** Le Caucase. 3 vol. ✧ *Lévy*. 2 10
1797. **Kœchlin-Schwartz.** Un touriste au Caucase. carte. *Hetzel*. 2 10
1798. **Kœchlin-Schwartz.** Un touriste en Laponie. 3 cartes.
   Hachette. 2 50
 ☞ **Mad. d'Aunet.** Voyage d'une femme au Spitzberg.
   34 vign. *Hachette* 1 60
 437. **Alex. Dumas.** De Paris à Cadix. 2 vol. ✧ *Lévy*. . . . 1 40
 438. **Alex. Dumas.** Le *Véloce*. 2 vol. ✧ *Lévy*. 1 40
 ☞ **Alex. Dumas.** Une année à Florence, suivi de La villa
   Palmieri. 2 vol. ✧ *Lévy* 1 40
 ☞ **Alex. Dumas.** Le speronare, suivi du capitaine Aréna.
   3 vol. ✧ *Lévy* 2 10
 ☞ **Alex. Dumas.** Le corricolo. 2 vol. ✧ *Lévy* 1 40

4411. **Verneuil.** Mes aventures au Sénégal. *Lévy* . . . . . . » 70
1799. **Du Chaillu.** Voyages et aventures dans l'Afrique équa-
    toriale. in-4. 69 vign. *Lévy* **18 75
1800. **Du Chaillu.** L'Afrique sauvage. in-4. carte, 56 vign. *Lévy*.**10 50
1801. **Du Chaillu.** L'Afrique occidentale. in-4. 69 vign. *Lévy*. 5 60
1802. **Weber.** Quatre ans au pays des Boers, 1871-75. carte,
    34 vign. *Hachette* . . . . 3 »
 439. **Leguat.** Aventures dans deux îles désertes des Indes
    orientales. 2 vign. *Dreyfous* 1 40
 440. **Whymper.** Voyages et aventures dans la Colombie
    anglaise. in-8. 3 cartes, 37 vign. *Hachette* 1 10
 441. **Baron de Wogan.** Six mois dans le Far-West. *Didier*. 2 50
1803. **Baron de Wogan.** Du Far-West à Bornéo. *Didier*. . . 2 10
1804. **Baron de Wogan.** Le pirate malais. *Didier* 2 10
4412. **Maynard.** Voyages et aventures au Chili. *Lévy* . . . 2 45
 442. **Perron d'Arc.** Aventures d'un voyageur en Australie.
    24 vign. *Hachette* 1 60
    Raynal. 20 mois sur un récif des îles Auckland. in-4.
    40 vign. *Hachette* **7 50
1805. **Frédé.** Aventures lointaines. *Didot* 2 25

P — HISTOIRE

Pa. — Histoire universelle.

3505. **Weber.** Histoire universelle. 13 vol. *Marpon* 30 80
3506. **Fontane.** Histoire universelle. 4 vol. parus. in-8. car-
    tes. *Lemerre*. 22 50
    Raffy. Lectures historiques :
 443.   —   Orient. *Pédone*. 2 10
 444.   —   Grèce. *Pédone*. 2 10
 445.   —   Rome. *Pédone*. 2 10
 446.   —   France et moyen âge, 398-1328. *Pédone*. . . . 2 10
 447.   —   France, moyen âge, temps modernes, 1328-
    1648. *Pédone* 2 10
 448.   —   France et temps modernes, 1648-1815. *Pédone* 2 10
 449.   —   Histoire contemporaine. *Pédone* 2 10
1806. **Duruy.** Abrégé d'histoire universelle. *Hachette* . . . 3 »

4413. **Prévost-Paradol.** Essai sur l'histoire universelle. 2 vol
    Hachette. . . . . 5 »
4414. **Cortambert.** Précis d'histoire universelle selon la
    science moderne. *Dreyfous* 2 10

Pb. — Histoire des peuples anciens.

Histoire générale, grandes époques.

1807. **Pauthier.** La Chine ancienne et moderne. in-8. carte.
    73 grav. *Didot* . . . . 6 »
4415. **Ott.** L'Indo-Chine et la Chine. in-16. *Baillière* . . . » 42
4416. **Ott.** L'Asie occidentale et l'Égypte. in-16. *Baillière*. » 42
3507. **Maspero.** Histoire ancienne des peuples de l'Orient.
    9 cartes. *Hachette*. 3 85
3508. **Duruy.** Histoire des Grecs. 2 vol. in-8. *Hachette*. . 9 »
 450. **Duruy.** Histoire grecque. 14 cartes, 7 vign. *Hachette*. 3 »
1808. **Montesquieu.** Considérations sur les causes de la gran-
    deur des Romains et de leur décadence. *Garnier*. 1 50
1809. **Mommsen.** Histoire romaine. 7 vol. *Marpon* 17 15
 451. **Michelet.** Histoire romaine (République) 2 vol. *Lévy*. 5 25
1810. **Duruy.** Histoire des Romains. 6 vol. in-8. ⚜ *Hachette*. 33 75
 452. **Duruy.** Histoire romaine. 8 cartes, 12 vign. *Hachette*. 3 »
4417. **Creighton.** Histoire romaine. in-16. *Baillière*. . . . . » 42
3509. **Am. Thierry.** Histoire des Gaulois avant la domina-
    tion romaine. 2 vol. *Didier*. . . . . 5 »
3510. **Am. Thierry.** Histoire de la Gaule sous la domination
    romaine. 2 vol. *Didier* . . . . 5 »
    Jean Macé. La France avant les Francs. in-8. 24 vign.
    Hetzel. 1 35
1811. **Zeller.** Les empereurs romains, caractères et por-
    traits. *Didier* 2 50
3511. **Renan.** Les origines du christianisme. 7 vol. in-8.
    carte. *Lévy* . . . . 42 »
3512. **Havet.** Le christianisme et ses origines. 3 vol. in-8.
    Lévy 15 75
1812. **Bastide.** Les luttes religieuses des premiers siècles.
    in-16. *Baillière*. . . . . » 42
1813 **Am. Thierry.** Histoire d'Attila et de ses successeurs.
    2 vol. *Didier*. . . . . 5 »

Mémoires, histoire racontée par les contemporains.

1814. **Hérodote**. Histoires, éd. Colomb. 2 vol. parus. 81 vign. *Hachette*. 1 50
3513. **Thucydide**. Guerre du Péloponnèse. *Hachette*. 1 50
1815. **Xénophon**. Retraite des Dix mille. *Hachette* 1 50
1816. **Salluste**. Guerre de Jugurtha. *Hachette* 1 50
1817. **César**. Commentaires. 2 vol. *Hachette* . . . . 3 »
3514. **La Gaule et les Gaulois**. in-16. 29 vign. *Hachette*. . » 37
3515. **La Gaule romaine**. in-16. 31 vign. *Hachette*. . . . . » 37
1818. **Tacite**. Œuvres, trad. Burnouf. *Hachette* 2 50
1819. **Josèphe**. Siège de Jérusalem. *Hachette* 1 50
3516. **La Gaule chrétienne**. in-16. 38 vign. *Hachette* . . . » 37

Biographies.

☞ **Plutarque**. Vies des hommes illustres, trad. Pierron. 4 vol. *Charpentier*. . . . . 6 »
453. **Lamartine**. Homère et Socrate. *Lévy* . . . . » 70
454. **Lamartine**. Cicéron. *Lévy*. . . . . » 70
3517. **Monnier**. Vercingétorix. *Didier* 1 40

Épisodes.

1820. **Jurien de la Gravière**. Le drame macédonien. carte. *Plon* . . . . 3 »
1821. **Double**. Les Césars de Palmyre. *Fischbacher*. 2 55
1822. **Am. Thierry**. Récits de l'histoire romaine au 5e siècle. *Didier* 2 50
1823. **Am. Thierry**. Alaric. *Didier*. 2 80

Pc. — Histoire générale des peuples modernes.

Histoire générale de France.

1824. **Henri Martin**. Histoire de France jusqu'en 1789. 17 vol. in-8. ✧ *Jouvet* . . . . 70 »
1825. **Henri Martin**. Histoire de France depuis 1789. 7 vol. in-8. ✧ *Jouvet*. 30 80
☞ **Henri Martin**. Histoire de France populaire. 6 vol. parus. in-4. 1224 vign. *Jouvet*. **31 50
455. **Michelet**. Histoire de France. 5 vol. in-4. vign. *Hetzel*. 24 50
1826. **Lavallée et Lock**. Histoire des Français, continuée jusqu'à nos jours. 6 vol. ✧ *Charpentier*. . . . . . 15 »

☞ **Bordier** et **Charton**. Histoire de France. 2 vol. in-4.
781 grav. d'après les monuments. *Mag. pittoresque.* **10 80

456. **Duruy.** Histoire de France. 2 vol. 12 cartes, 323 vign.
Hachette. . . . . **6 »

457. **Guizot.** Histoire de France (jusqu'en 1789). 5 vol.
in-4. 200 grav. *Hachette.* **67 50

1827. **Anquez.** Histoire de France. *Hetzel.* 2 45

4418. **Chevallier.** Histoire populaire de la France. *L'auteur.* 2 »

Histoires particulières.

1828. **Bonnemère.** Histoire des paysans. 2 vol. *Fischbacher.* 5 25

☞ **Lavallée.** Les frontières de la France. carte. *Hetzel.* 2 45

458. **Gazeau.** Histoire de la formation de nos frontières.
Lib. centrale. . . . . » 70

459. **Guillon.** Les colonies françaises. carte, 2 vign. *Lib.
centrale* . . . . » 70

1829. **Doneaud.** Histoire de la marine française. in-16.
Baillière. . . . . » 42

Histoire des peuples étrangers.

1830. **Fleury.** Histoire d'Angleterre. 5 cartes. *Hachette* . . 3 »

460. **Guizot.** Histoire d'Angleterre. 2 vol. in-4. 200 grav.
Hachette. **33 75

461. **Walter Scott.** Histoire d'Ecosse. 3 vol. in-8. *Jouvet* . 7 05

1831. **Zeller.** Histoire d'Italie, 6 cartes. vign. *Hachette.* . . **3 75

4419. **Lanfrey.** Histoire politique des papes. *Charpentier* . . 2 50

1832. **Léger.** Histoire de l'Autriche-Hongrie. 4 cartes.
Hachette. . . . . **3 »

1833. **Mickiewicz.** Histoire de la Pologne. *Hetzel* **2 45

1834. **Rambaud.** Histoire de la Russie. 4 cartes. *Hachette* . **4 50

4420. **Bonnal.** Le royaume de Prusse. in-8. *Dentu.* 2 80

3518. **Lavisse.** Etudes sur l'histoire de Prusse. in-8. *Hachette.* 3 75

1835. **Lavallée.** Histoire de Turquie. 2 vol. *Hetzel.* 4 90

1836. **De la Jonquière.** Histoire de l'empire ottoman. 4 cartes.
Hachette. 4 50

462. **Higginson.** Histoire des Etats-Unis. 7 vign. *Hetzel.* . 2 45

1837. **Astié.** Histoire de la République des Etats-Unis.
2 vol. in-8. *Grassart.* 8 40

1838. **F. de Fontpertuis.** Les Etats-Unis. in-8. *Guillaumin.* . 5 25

Pd. — Moyen âge.

Histoire du moyen âge.

1839. **Duruy**. Histoire du moyen âge. 6 cartes, 9 vign. *Hachette*. . . . . ****3** »

463. **Geley**. L'Espagne des Goths et des Arabes. 20 vign. *Cerf* . . . . » 70

3519. **Zeller**. Histoire d'Allemagne au moyen âge. 4 vol. in-8. 6 cartes. *Didier*. . . . . 21 »

4421. **Michelet**. Abrégé d'histoire de France au moyen âge. cartes. *Marpon* 2 80

Principaux règnes, grandes époques.

☞ **Aug. Thierry**. Histoire de la conquête de l'Angleterre par les Normands, et de ses suites. 4 vol. *Jouvet*. 5 »

☞ **Michelet**. Les croisades. in-8. *Hetzel* . . . . 1 »

464. **Luchaire**. Philippe-Auguste. 9 vign. *Hachette*. . . . » 75

1840. **Wallon**. Saint-Louis et son temps. 2 vol. in-8. *Hachette* 11 25

465. **Bᵒⁿ de Barante**. Histoire des ducs de Bourgogne. 12 vol. in-8. cartes, 104 grav. *Garnier*. . . . . . . 45 »

Mémoires.

3520. Les invasions barbares en Gaule. in-16. 11 vign. *Hachette*. . . . . » 37

3521. Clovis et ses fils. in-16. 15 vign. *Hachette* . . . . . » 37

3522. Frédégonde et Brunehaut. in-16. 9 vign. *Hachette*. » 37

3523. Rois fainéants et maires du palais. in-16. 14 vign. *Hachette* . . . . » 37

3524. Louis VI et Louis VII. in-16. 15 vign. *Hachette*. . » 37

☞ **Joinville**. Histoire de Saint-Louis *Hachette*. . . . . » 90

Biographies.

1841. **Irving**. Vie de Mahomet. in-8. *Marpon* 4 20

1842. **Lamartine**. Les grands hommes de l'Orient : Mahomet, Tamerlan. in-8. *Marpon*. 3 50

☞ **Lamartine**. Guillaume Tell, suivi de Bernard Palissy. *Lévy* . . . . » 70

1843. **Mazas**. Vies des grands capitaines français du moyen âge. 7 vol. *Lecoffre* 10 50

466. **Mad. Garcin.** Étienne Marcel. 5 vign. *Lib. centrale.* . » 70
467. **E. de Bonnechose.** Du Guesclin. *Hachette* . . . . . . » 90
☞ **Debidour.** Du Guesclin. carte, 16 vign. *Hachette.* . . » 75
☞ **Henri Martin.** Jeanne d'Arc. *Jouvet.* 1 15
468. **Michelet.** Jeanne d'Arc. *Hachette.* 1 50
☞ **Lamartine.** Jeanne d'Arc. *Lévy.*. . . . . » 70
469. **Mad. Garcin.** Jacques Cœur. in-16. vign. *Lib. centrale.* » 35

Épisodes.

1844. **Zellér.** Entretiens sur l'histoire. 2 vol. *Didier* . . . 5 »
1845. **Littré.** Études sur les barbares et le moyen âge. *Didier* 2 50
☞ **Aug. Thierry.** Récits des temps mérovingiens. 2 vol. *Jouvet.* 2 50
1846. **Hauréau.** Charlemagne et sa cour. *Hachette.* . . . . » 90
470. **Lamartine.** Héloïse et Abélard. ☼ *Lévy.* . . . . » 70
471. **Rousset.** La grande charte d'Angleterre. *Hachette.* . 1 50
1847. **Zeller.** Les tribuns et les révolutions en Italie. *Didier.* 2 50
472. **P. Clément.** Enguerrand de Marigny. *Didier* 2 10
473. **P. Clément.** Jacques Cœur et Charles VII. *Didier.* . 2 80

Pe. — Temps modernes.

Histoire des temps modernes.

☞ **Michelet.** Précis de l'histoire moderne. *Lévy* 2 65
1848. **Duruy.** Histoire des temps modernes. 6 cartes, 4 vign. *Hachette* . . . . **3 »
4422. **Michelet.** Abrégé d'histoire de France dans les temps modernes. cartes. *Marpon.* 2 80

Principaux règnes, grandes époques.

☞ **Michelet.** Louis XI et Charles le Téméraire. *Hachette.* » 95
1849. **Zeller.** François Ier. 15 vign. *Hachette* . . . . » 75
☞ **Michelet.** Rivalité de François Ier et de Charles-Quint. in-8. *Hetzel.* . . . . 1 »
1850. **Mignet.** Rivalité de François Ier et de Charles-Quint. 2 vol. *Didier* **5 60
1851. **Prescott.** Histoire de la conquête du Mexique. 3 vol. in-8. cartes, vign. *Marpon* 12 60

☞ Conquête du Mexique, d'après Prescott. 3 cartes, 16 vign. *Hachette*. . . . . » 75

1852. **Prescott.** Histoire de la conquête du Pérou. 3 vol. in-8. cartes, vign. *Marpon*. 12 60

474. **Dargaud.** Histoire de la liberté religieuse en France et de ses fondateurs. 4 vol. *Marpon* 10 50

1853. **Bastide.** Les guerres de la réforme. in-16. *Baillière*. » 42

1854. **Dargaud.** Histoire d'Elisabeth d'Angleterre. in-8. *Marpon* 4 20

☞ **Michelet.** Henri IV. in-8. *Hetzel*. . . . . 1 »

475. **Zévort.** Henri IV. 12 vign. *Hachette* . . . . » 75

1855. **Ch. de Lacombe.** Henri IV et sa politique. *Didier* . . 2 50

1856. **Schiller.** Soulèvement des Pays-Bas. *Hachette*. . . . 1 90

1857. **Mottley.** La révolution des Pays-Bas. 6 vol. *Marpon*. 14 70

1858. **Schiller.** Guerre de trente ans. *Charpentier* 1 50

Guizot. Histoire de la révolution d'Angleterre :

☞   —   Histoire de Charles 1er. 2 vol. *Didier* . . . . 5 »

☞   —   République d'Angleterre et Olivier Cromwell 2 vol. *Didier* . . . . 5 »

476.   —   Protectorat de Richard Cromwell et rétablissement des Stuart. 2 vol. *Didier*. . . 5 »

☞ **Voltaire.** Siècle de Louis XIV, éd. Louandre. *Charpentier* 1 50

477. **Pelletan.** Décadence de la monarchie française. in-16 *Baillière*. » 42

1859. **Topin.** L'Europe et les Bourbons sous Louis XIV. *Didier* 2 50

1860. **Macaulay.** Histoire d'Angleterre (révolution de 1688). 2 vol. *Charpentier* . . . . 3 »

1861. **Macaulay.** Règne de Guillaume III. 4 vol. *Charpentier*. 10 »

478. **Voltaire.** Histoire de la Russie sous Pierre-le-Grand 2 vol. in-32. *Bib. nationale*. . . . . » 36

1862. **Paganel.** Histoire de Joseph II, empereur d'Allemagne in-8. *Plon*. 4 50

1863. **C. de Witt.** Histoire de Washington. *Didier* 2 50

Laboulaye. Histoire des Etats-Unis :

479.   —   Les colonies anglaises. *Charpentier*. . . . 2 50

480.   —   Guerre de l'indépendance. *Charpentier*. . 2 50

☞   —   Histoire de la constitution des Etats-Unis *Charpentier* 2 50

481. **Maze.** Fondation des États-Unis. *Lib. centrale*. . . . » 70

Mémoires.

☞ Le loyal serviteur. Histoire du gentil seigneur de Bayart. 36 vign. *Hachette* 1 60
482. **Fernand Cortez**. Lettres à Charles-Quint. *Dreyfous*. . 1 40
1864. **Montluc**. Commentaires. 4 vol. *Hachette*. . . . . . . 6 »
1865. **Cardinal de Retz**. Mémoires abrégés. 30 vign. *Hachette* 1 60
3525. **Saint-Simon**. Mémoires. 13 vol. *Hachette* 11 70
☞ Louis XIV et sa cour, extraits des mémoires de Saint-Simon. *Hachette* 1 50
483. Scènes et portraits, choisis dans Saint-Simon. 2 vol. *Hachette*. 5 »
3526. **Fléchier**. Mémoires sur les grands jours d'Auvergne. *Hachette*. 1 50
1866. **Voltaire**. Précis du siècle de Louis XV. *Didot*. . . . 1 50
3527. **Frédéric II**. Œuvres historiques. 3 vol. *Hachette* . . . 4 50
3528. **M^{al} de Berwick**. Mémoires. *Hachette* 1 50
1867. **Linguet**. Mémoires sur la Bastille. in-32. *Bib. nationale* » 18

Biographies.

1868. **Perrens**. Jérôme Savonarole. *Hachette* 2 50
484. **D'Aubigné**. Histoire de Bayart. carte, 23 vign. *Hachette* » 75
1869. **Prescott**. Vie de Charles-Quint. in-8. *Marpon* 1 40
485. **Muller**. Ambroise Paré. 30 vign. *Hachette*. . . . . . » 75
☞ **Mignet**. Histoire de Marie Stuart. 2 vol. *Didier*. . . 5 »
☞ **Villemain**. Le chancelier de l'Hôpital. *Didier* . . . . » 90
486. **Anquez**. Le chancelier l'Hospital. *Lib. centrale*. . . . » 70
487. **Mad Kergomard**. L'amiral Coligny. in-16. *Lib. centrale* » 35
☞ **Legouvé**. Sully. *Didier* 1 05
☞ **Lavisse**. Sully. 11 vign. *Hachette* . . . . » 75
1870. **Quinet**. Marnix de Sainte-Aldegonde. *Baillière*. . . . 2 65
1871. **Fryxell**. Histoire de Gustave-Adolphe. *Garnier* . . . 2 50
1872. **Corne**. Le cardinal Richelieu. *Hachette* . . . . » 90
☞ **Zeller**. Richelieu. 21 vign. *Hachette*. . . . . » 75
488. **Lamartine**. Cromwell. *Lévy* . . . . » 70
1873. **Dargaud**. Histoire d'Olivier Cromwell. in-8. *Marpon* . 4 20
1874. **Topin**. Le cardinal de Retz. *Didier* . . . . » 90
489. **Corne**. Le cardinal Mazarin. *Hachette* . . . . » 90
490. **Challamel**. Colbert. vign. *Lib. centrale* . . . . » 70
☞ **Duruy**. Histoire de Turenne. 5 cartes, 15 vign. *Hachette* » 75

1875. **Michel.** Histoire de Vauban. in-8. *Plon* 5 65
1876. **Badin.** Duguay-Trouin. *Hachette.* . . . . » 90
1877. **Badin.** Jean-Bart. *Hachette* . . . . » 90
1878. **Gœpp.** Duquesne et Tourville. 2 vign. *Ducrocq* . . . 2 10
1879. **Gœpp.** Jean-Bart, Duguay-Trouin, Suffren. 2 vign.
    Ducrocq 2 10
☞ **Voltaire.** Histoire de Charles XII. *Didot.* 1 50
3529. **E. de Pompéry.** Le vrai Voltaire. in-8. *Ghio* 4 50
1880. **E. de Pompéry.** Vie de Voltaire. *Reinwald* 1 40
 491. **Fabre des Essarts.** Dupleix et l'Inde française. carte,
    27 vign. *Charavay* . . . . » 85
☞ **Ch. de Bonnechose.** Montcalm. 2 cartes, 25 vign. *Ha-*
    chette . . . . » 75
 492. **Jouault.** Washington. *Hachette* . . . . » 90
1881. **Masseras.** Washington et son œuvre. *Sandoz.* 1 40
1882 **Kergomard.** Washington. in-16. vign. *Lib. centrale.* . » 35

Épisodes.

1883. **Irving.** Histoire et légende de la conquête de Gre-
    nade. 2 vol. in-8. *Marpon* 8 40
 493. **Mignet.** Charles-Quint au monastère de Saint-Yuste.
    Didier 2 50
 494. **Spuller.** Ignace de Loyola et la compagnie de Jésus.
    Dreyfous 2 10
 495. **Mignet.** Antonio Pérez et Philippe II. *Didier* 2 50
1884. **Ch. de Mouy.** Don Carlos et Philippe II. *Didier* . . . 2 50
1885. **Prévost-Paradol.** Élisabeth et Henri IV. *Lévy* 2 45
3530. **Parkman.** Les pionniers français dans l'Amérique du
    Nord. carte. *Didier* 2 80
1886. **Rameau.** Une colonie féodale en Amérique. *Didier* . 2 50
1887. **Desprez.** Richelieu et Mazarin, leurs deux politiques.
    Degorce 1 75
3531. Petits chefs-d'œuvre historiques. 2 vol. *Didot* . . . 3 »
 496. **P. Clément.** Histoire de Colbert et de son adminis-
    tration. 2 vol. *Didier* **5 50
☞ **Rousset.** Histoire de Louvois et de son administra-
    tion. 4 vol. *Didier.* . . . . 10 »
1888. **Topin.** L'homme au masque de fer. *Didier* 2 50
 497. **Steeg.** L'édit de Nantes et sa révocation. in-16. vign.
    Librairie centrale. . . . . » 35

1889. **Bonnemère.** Histoire des Camisards. *Dentu* 2 50
1890. **Cte d'Haussonville.** Histoire de la réunion de la Lorraine à la France. 4 vol. *Lévy.* 9 80
 498. **Macaulay.** Histoire et critique : lord Clives, Warren Hastings, Pitt. *Hetzel* 2 10
3532. **Dussieux.** Le Canada sous la domination française. carte. *Lecoffre.* 1 50
1891. **Desnoireterres.** Voltaire et la société française du 18e siècle. 8 vol. *Didier* 22 40
1892. **Huber.** Les Jésuites. *Fischbacher* 2 55
1893. **Poupin.** Histoire des Jésuites. 2 vol. parus. in-4. 100 vign. *Blanpain* . . . . 7 »
 499. **Chassin.** L'Église et les derniers serfs. *Dentu* 2 10

Pf. — Révolution française.

Histoire générale de la Révolution.

   Thiers. Histoire de la Révolution française. 2 vol. 400 vign. *Jouvet.* . . . . **14 »
 500. Atlas de l'histoire de la Révolution de Thiers, 32 cartes. in-4. *Jouvet* *6 75
1894. **Mignet.** Histoire de la Révolution française. 2 vol. *Didier* . . . . 5 »
   Louis Blanc. Histoire de la Révolution française. 2 vol. gr. in-4. 600 vign. *La Châtre* **17 35
 501. **Michelet.** Histoire de la Révolution française. 4 vol. in-4. 800 vign. *Hetzel* . . . . 14 »
4423. **Michelet.** Précis d'histoire de la Révolution française. Cartes. *Marpon* 2 80
 502. **Carnot.** La Révolution française. *Baillière* 2 45
1895. **Mad. Duvergier.** Histoire de la Révolution française. *Baillière.* 2 45
   Henri Martin. Histoire de la Révolution française, 2 vol. *Jouvet* . . . . 2 » / 4 90
   Guillon. Petite histoire de la Révolution. 5 vign. *Librairie centrale.* . . . . » 70
4424. **Royé.** Petite histoire de la révolution. *Delagrave* . . * » 42
1896. **Quinet.** La Révolution, suivie de la critique de la Révolution. 3 vol. *Baillière* 7 90

☞ **Thiers.** Histoire du Consulat. in-4. 70 vign. *Jouvet.* **5 60
☞ **Thiers.** Histoire de l'Empire. 4 vol. in-4. 280 vign.
    Jouvet. . . . .**28 »
503. Atlas de l'histoire du Consulat et Empire de Thiers,
    66 cartes. in-4. *Jouvet.* . . . . * 10 »
504. **Lanfrey.** Histoire de Napoléon Ier. 5 vol. parus.
    Charpentier 12 50
1897. **Guillon.** Petite histoire du Consulat et de l'Empire.
    vign. *Lib. centrale.* . . . . » 70

Mémoires, discours, correspondances du temps.

1898. **Mirabeau.** Œuvres. 5 vol. in-32. *Bib. nationale.* . . . » 90
1899. **Cam. Desmoulins.** Œuvres choisies. 2 vol. *Charpentier* 3 »
3533. **Gœthe.** Campagne de France. *Hachette.* 1 50
1900. **Lockroy.** Journal d'une bourgeoise pendant la révo-
    lution. *Lévy.* 2 45
☞ Gal de Fezensac. Souvenirs militaires de 1804 à 1814.
    Baudoin. 2 80

Biographies.

1901. **Barni.** Mirabeau. in-8. *Charavay.* . . . . » 65
505. **Depasse.** Carnot. 3 vign. *Lib. centrale.* . . . . » 70
506. **Mad. Garcin.** Madame Roland. in-16. 4 vign. *Lib.*
    centrale. . . . . » 35
☞ **E. de Bonnechose.** Lazare Hoche. *Hachette.* . . . . . » 90
1902. **Gœpp.** Kléber, Hoche, Désaix, Marceau. 3 cartes.
    Ducrocq 2 10
1903. **Maze.** Kléber. 2 vign. *Lib. centrale.* . . . . » 70
507. **D'Aubigné.** Kléber. 5 cartes, 24 vign. *Hachette* . . . » 75
508. **Echard.** Un fils de l'Alsace : Kléber. 2 cartes,
    17 vign. *Charavay.* . . . . » 55
509. **Mad. Garcin.** La Tour d'Auvergne. in-16. 2 vign.
    Lib. centrale. . . . . » 35
510. **Moulin.** Les marins de la République, 1793-1811.
    3 plans, 29 vign. *Charavay* . . . . 1 »
511. **Barbou.** Les généraux de la République. 25 vign.
    Jouvet 1 50
☞ **Carnot.** L'abbé Grégoire. 4 vign. *Lib. centrale* . . . » 70
1904. **Michelet.** Les femmes de la Révolution. *Lévy.* . . . 2 65
1905. **Michelet.** Les soldats de la Révolution. *Lévy.* . . . 2 65

1906. **Jung.** Bonaparte et son temps, 1769-1799. 3 vol.
 Charpentier 7 50
 512. **Barni.** Napoléon Ier. in-16. *Baillière.* . . . . » 42
 513. **Lamartine.** Nelson. *Lévy.* . . . . » 70
1907. **Sainte-Beuve.** M. de Talleyrand. *Lévy* 1 40
 514. **Desprez.** Le maréchal Ney. 10 vign. *Hachette.* . . . » 75
1908. **C. de Witt.** Thomas Jefferson. *Didier.* 2 50
 515. **Lamartine.** Toussaint Louverture. *Lévy.* . . . . . . » 70

Episodes.

 516. **Bonnemère.** La prise de la Bastille. in-16. 3 vign. *Lib.*
 centrale . . . . » 35
1909. **Michelet.** Les grandes journées de la Révolution. in-8.
 Hetzel. . . . . 1 »
1910. **Reynald.** Mirabeau et la Constituante. *Didier* 2 50
 Lamartine. Histoire des Girondins. 6 vol. ✧ *Hachette.* 15 »
 Gaffarel. Les campagnes de la 1re République, 1792-
 1799. gr. in-8. 9 cartes, 66 vign. *Hachette.* 2 25
 517. **Gaffarel.** La défense nationale en 1792. in-16. *Baillière.* » 42
1911. **Michiels.** L'invasion prussienne en 1792. *Charpentier.* 2 50
1912. **Bonnemère.** La Vendée en 1793. *Fischbacher.* 2 55
 518. **Rousset.** Les volontaires, 1791-1794, suivi de la
 Grande armée de 1813. 2 vol. *Didier.* . . . . . . 5 »
1913. **Claretie.** Les derniers montagnards. in-8. *Marpon.* . 5 25
 519. **Jurien de la Gravière.** Guerres maritimes sous la
 République et l'Empire. 2 vol. 5 plans. *Charpentier* 5 »
1914. **Rambaud.** Les Français sur le Rhin, 1792-1804. *Didier.* 2 50
1915. **Rambaud.** L'Allemagne sous Napoléon Ier. *Didier* . . 2 50
1916. **Assollant.** 1812, campagne de Russie. in-4. 39 vign.
 Garnier . . . . » 75
 520. **Thiers.** Le congrès de Vienne. *Jouvet* 1 40
 521. **Vaulabelle.** Ligny, Waterloo. in-4. carte, 40 vign.
 Garnier . . . . 1 »
1917. **Charras.** Histoire de la guerre de 1815. 2 vol. et atlas
 Hetzel 4 90
1918. **Quinet.** Histoire de la campagne de 1815. *Baillière* . 2 65

Pg. — Histoire des institutions.

Antiquité.

1919. **Fustel de Coulanges.** La cité antique. *Hachette* 2 50
3534. **Wallon.** Histoire de l'esclavage dans l'antiquité. 3 vol.
     in-8. *Hachette*. 16 90
1920. **Am. Thierry.** Tableau de l'empire romain. *Didier* . . 2 50

Études sur le moyen âge en France.

522. **Aug. Thierry.** Lettres sur l'histoire de France. *Jouvet* 1 25
☞ **Aug. Thierry.** Essai sur l'histoire de la formation et
     des progrès du tiers-état. *Jouvet*. 1 25
523. **Morin.** La France au moyen âge. in-16. *Baillière* . . » 42
1921. **Perrens.** La démocratie en France au moyen âge.
     2 vol. *Didier* . . . . 5 »
3535. **Bardoux.** Les légistes et leur influence sur la société
     française. in-8. *Baillière* 3 50
3536. **Laferrière.** Essai sur l'histoire du droit français.
     2 vol. *Guillaumin* 4 90
4425. **Bois.** Histoire du droit français. *Degorce* 1 75
1922. **Rocquain.** Études sur l'ancienne France. *Didier* . . . 2 50
1923. **Babeau.** Le village sous l'ancien régime. *Didier*. . . 2 50
1924. **Babeau.** La ville sous l'ancien régime. 2 vol. *Didier*. 5 60
524. **Pizard.** La France en 1789. *Degorce* 1 75

Ouvrages de propagande sur l'ancien régime.

1925. **Lacombe.** Petite histoire du peuple français. *Hachette* » 90
525. **Esquiros.** Le bonhomme jadis. *Dentu*. 2 50
1926. **Jouancoux.** Jacques Bonhomme. in-32. *Lib. centrale*. » 35
1927. **Jouancoux.** Histoire du progrès. in-32. *Lib. centrale*. . » 35
526. **Bonnemère.** Autrefois et aujourd'hui : les habitants
     des campagnes. *Lib. centrale*. . . . . » 70
527. **Lemoine.** Hier et aujourd'hui : artisans et ouvriers.
     Lib. centrale. . . . . » 70
528. **Delon.** Les paysans. 45 vign. *Colas* 1 15

Institutions de la Révolution.

1928. **A. de Tocqueville.** L'ancien régime et la révolution.
     in-8 *Lévy*. 4 50

1929. **Garet.** Les bienfaits de la révolution. *Marescq* . . . 2 65
1930. **Despois.** Le vandalisme révolutionnaire. *Baillière* . . 2 45
3537. **Laferrière.** Histoire des principes, des institutions et
    des lois pendant la révolution française. *Cotillon*. 2 80

Institutions des pays étrangers.

3538. **Gneist.** La constitution communale de l'Angleterre.
    5 vol. in-8. *Marpon*. . . . . 21 »
3539. **Bagehot.** La constitution anglaise. *Baillière*. 2 45
1931. **A. de Tocqueville.** De la démocratie en Amérique.
    3 vol. in-8. *Lévy* 13 50

Ph. — Philosophie de l'histoire.

1932. **Montesquieu.** De l'esprit des lois. *Garnier*. 1 50
    Voltaire. Essai sur les mœurs et l'esprit des nations
    depuis Charlemagne. 2 vol. *Hachette*. 1 80
3540. **Herder.** Philosophie de l'histoire de l'humanité.
    3 vol. in-8. *Marpon* 12 60
1933. **Guizot.** Histoire de la civilisation en Europe. *Didier* 2 50
1934. **Guizot.** Histoire de la civilisation en France. 4 vol.
    Didier. . . . . 10 »
3541. **Buckle.** Histoire de la civilation en Angleterre. 5 vol.
    Marpon 12 25
3542. **Cournot.** Considérations sur la marche des idées
    dans les temps modernes. 2 vol. in-8. *Hachette*. . 8 »
4426. **Pelletan.** Profession de foi du xixᵉ siècle. in 8. *Marpon*. 2 10
3543. **Draper.** Histoire du développement intellectuel de
    l'Europe. 3 vol. in-8. *Marpon* 12 60
3544. **Flint.** La philosophie de l'histoire en Allemagne. in-3.
    Baillière. 5 25
3545. **Flint.** La philosophie de l'histoire en France. in-8.
    Baillière. 5 25

Pi. — Histoire contemporaine.

Histoire générale.

4427. **Grégoire.** Histoire de France de 1830 à 1875. 4 vol.
    in-8. *Garnier* 22 50
1935. **Reynald.** Histoire d'Angleterre depuis 1714. *Baillière* 2 45

4428. **Regnard.** L'Angleterre depuis 1815. in-16. *Baillière* . » 42
529. **Véron.** Histoire de la Prusse depuis 1786 jusqu'à
Sadowa. *Baillière* 2 45
4429. **Doneaud.** Histoire de la Prusse. in-16. *Baillière*. . . » 42
4430. **Asseline.** Histoire de l'Autriche depuis 1780. *Baillière* 2 45
4431. **Henneguy.** Histoire de l'Italie depuis 1815. in-16.
Baillière. » 42
1936. **Reynald.** Histoire de l'Espagne depuis 1788. *Baillière*. 2 45

Histoire contemporaine par époques.

1937. **Vaulabelle.** Histoire des deux Restaurations. 8 vol.
in-8. vign. *Garnier* . . . . 45 »
530. **Lamartine.** Histoire de la Restauration. 8 vol.
Hachette . . . . 20 »
1938. **Reynald.** Histoire de la Restauration. in-8. *Hetzel*. . 3 50
1939. **De Rochau.** Histoire de la Restauration. *Baillière*. . . 2 45
4432. **Lock.** Histoire de la Restauration. in-16. *Baillière*. . » 42
1940. **Louis Blanc.** Histoire de dix ans. 5 vol. in-8. *Baillière*. 17 50
1941. **Zévort.** Histoire de Louis-Philippe. in-16. *Baillière* . » 42
531. **Taxile Delord.** Histoire du second empire. 6 vol. in-8.
◊ *Baillière* 29 40
532. **Claretie.** Histoire illustrée de la guerre de 1870-71.
2 vol. in-4. 15 cartes, 385 vign. *Dreyfous* . . . . .**14 »
533. **Le Faure.** Histoire de la guerre franco-allemande.
2 vol. in-4. 53 cartes, 115 vign. *Garnier* **10 50
534. **Le Faure.** Atlas de la guerre de 1870-71, 50 cartes.
in-4. *Garnier* 3 75

Mémoires, documents, correspondances.

535. **Béranger.** Ma biographie. *Garnier* 2 50
1942. **Daniel Stern.** Histoire de la Révolution de 1848. 3 vol.
Lévy 7 35
☞ **Victor Hugo.** Histoire d'un crime. in-4. 110 vign. *Lévy*. **4 »
1943. **Jurien de la Gravière.** La marine d'aujourd'hui. *Ha-*
chette. 2 50
1944. **Gal Cler.** Souvenirs d'un officier du 2e zouaves. *Lévy* 2 45
1945. **P. de Molènes.** Les commentaires d'un soldat. *Lévy*. 2 45
1946. **Carrey.** Récits de Kabylie. carte. *Lévy*. . . . . . . » 70
536. **Maynard.** De Delhi à Cawnpore, épisode de l'insur-
rection des Cipayes. ◊ *Lévy*. 2 45

1947. **Alex. Dumas.** Les Garibaldiens. *Lévy*. . . . . » 70
1948. **Lockroy.** L'île révoltée. *Dentu*. 2 10
1949. **Louis Blanc.** Dix ans de l'histoire d'Angleterre. 9 vol.
    Lévy 22 05
 537. **C. de Varigny.** Quatorze ans aux îles Sandwich. 2 car-
    tes, 24 vign. *Hachette*. . . . . * 3 »
1950. **Pallu.** Expédition de Cochinchine. in-8. *Hachette*. . . 2 65
1951. **Papiers** et correspondance de la famille impériale,
    trouvés aux Tuileries. 2 vol. *Garnier*. . . . . . . 3 »
 538. **J. Simon.** Souvenirs du 4 septembre. 2 vol. *Lévy*. . 4 90
4433. **Spoll.** Metz. *Lemerre*. 2 25
    Sarcey. Le siège de Paris. carte. *Garnier*. 1 50
4434. **Arago.** L'hôtel de Ville et le gouvernement du 4 sep-
    tembre. *Hetzel* 2 45
4435. **Mad. Quinet.** Paris, journal du siège. *Dentu*. 2 50
1952. **Freycinet.** La guerre en province. carte. *Lévy* . . . 2 45
4436. **Garnier.** Les volontaires du génie dans l'Est. carte
    Plon . . . . 3 »
4437. **George Sand.** Journal d'un voyageur pendant la guerre.
    Lévy 2 45
 539. **J. Simon.** Le gouvernement de M. Thiers. 2 vol. *Lévy*. 4 90
1953. **Général Rivière.** Rapport du procès Bazaine. *Dentu*. 1 40
 540. **About.** Alsace, 1871-1872. *Hachette* 2 50
    Vallery-Radot. Journal d'un volontaire d'un an. ⊕ *Het-
    zel*. 2 10
4438. **Vanier.** Les 28 jours d'un réserviste. 54 vign. *Vanier*. 1 50
4439. **Dupuis.** La conquête du Tonkin par vingt-sept Fran-
    çais. *Dreyfous*. 1 40

Biographies.

1954. **Yéméniz.** La Grèce moderne, héros et poètes. *Lévy*. » 70
1955. **De Lacretelle.** Lamartine et ses amis. *Dreyfous*. . . . 2 10
 541. **Henri Martin.** Daniel Manin. *Furne* 2 35
1956. **Guizot.** Robert Peel. *Didier*. 2 50
1957. **Jouault.** Abraham Lincoln. *Hachette* . . . . » 90
 542. **Marais.** Lincoln. in-16. 3 vign. *Lib. centrale*. . . . . » 35
 543. **Mad. Lee Childe.** Le général Lee. in-16. 2 cartes. *Ha-
    chette*. . . . . » 40
1950. **Barbou.** Victor Hugo. ⊕ *Charpentier*. 2 50

544. **Barbou**. Grévy, président de la République. in-16.
 Duquesne . . . . » 90
545. **Barbou**. Gambetta. in-16. *Duquesne* 1 15
1959. **Barbou**. L'amiral Pothuau. *Jouvet* 2 65
546. **Dessoye**. Jean Macé et la fondation de la Ligue de
 l'enseignement. *Marpon* 2 10
4440. Les hommes d'aujourd'hui. 4 vol. in-4. *Bonnot*. . . 16 »

Episodes.

1960. **Yéméniz**. Scènes et récits de la guerre de l'indépendance. *Lévy*. 2 45
1961. **Rousset**. La conquête d'Alger. *Plon* . . . . 3 »
1962. **Daudet**. Le procès des ex-ministres. in-8. *Quantin* . 3 50
1963. **Champfleury**. Les excentriques. *Lévy* . . . . » 70
1964. **Rousset**. La guerre de Crimée. 2 vol. et atlas in-8.
 Hachette. 16 90
1965. **Duquet**. La guerre d'Italie. 8 cartes. *Charpentier*. . . 2 50
4441. **A. de Gasparin**. L'Amérique devant l'Europe. *Lévy* . . » 70
4442. **A. de Gasparin**. Un grand peuple qui se relève. *Lévy*. » 70
1966. **Masseras**. Un essai d'empire au Mexique. *Charpentier*. 2 50
 Dalsême. Le siège de Bitche. *Dentu* 1 40
547. **Achard**. Récits d'un soldat. *Lévy* 2 45
1967. **Dalsême**. Paris sous les obus. in-4. 30 vign. *Chamerot*. 4 20
 Dussieux. Le siège de Belfort. 2 cartes, 13 vign. *Cerf*. » 70
548. **Marais**. Un Français : le colonel Denfert-Rochereau.
 vign. *Lib. centrale* . . . . » 70
549. **Marais**. Garibaldi et l'armée des Vosges. *Baillière*. . 1 05
1968. **Moulin**. En campagne, 1870-71. 2 cartes, 15 vign.
 Hachette. . . . . » 75
1969. **Sorel**. Histoire diplomatique de la guerre franco-
 allemande. 2 vol. in-8. *Plon*. . . . . 12 »
1970. **Claretie**. Les Prussiens chez eux. *Dentu* 2 10
1971. **Claretie**. Cinq ans après. *Dentu* 2 10
1972. **Dumont**. L'administration et la propagande prussiennes en Alsace. *Didier* 2 10
1973. **De la Berge**. En Tunisie, 1881. carte. *Didot*. 2 65
1974. **Dick de Lonlay**. En Tunisie. 58 vign. *Dentu*. 2 50
1975. **Hatin**. Le journal. in-16. *Baillière* . . . . » 42

Q. — PUBLICATIONS PÉRIODIQUES. (¹)

Qa. — Revues et recueils.

Paraissant toutes les semaines.

1976. **Alglave.** Revue scientifique. *Baillière*. Abonnement à partir du 1er de chaque trim., par an 23 50

550. **Tissandier.** La nature, revue illustrée des sciences et de leurs applications aux arts et à l'industrie. *Masson*. Abonnement annuel du 1er janvier. . . . 23 50

Deux volumes par an depuis 1873. in-4. chaque vol. 7 50

Joigneaux et **Liébert.** La gazette du village, illustrée *Lib. agricole*. Abonnement annuel ou semestriel du 1er janvier ou du 1er juillet; par an. 5 50

Un vol. par an. gr. in-4. Chaque volume 2 80

1977. **Lecouteux.** Journal d'agriculture pratique, moniteur des comices, des propriétaires et des fermiers. *Lib. agricole*. Abonnement annuel ou semestriel, du 1er janvier ou du 1er juillet; par an . . . . . 19 »

1978. **Barral.** Journal de l'agriculture, de la ferme et des maisons de campagne. *Masson*. Abonnement annuel partant de toutes dates . . . . 19 »

1979. **Leroy-Beaulieu.** L'économiste français. Abonnement semestriel à partir de chaque mois; par semestre. 19 »

551. Le journal de la jeunesse, illustré. *Hachette*. Abonnement semestriel, du 1er décembre ou du 1er juin. 9 25

Deux vol. par an depuis 1873. in-4. chaque volume. 7 50

1980. **Marc.** L'illustration, illustré. Abonnement annuel, semestriel ou trimestriel, à partir des 1er ou 16 de chaque mois; par trimestre 8 25

---

(1) Tous les prix marqués ici sont les prix nets des revues ou recueils servis dans les départements et de l'Algérie. A Paris, quelques journaux font une différence, pour le droit de poste, qu'ils ne payent pas, le service étant fait par des porteurs, et qui coûte moins dans tous les cas. Les prix d'abonnement pour les colonies et les états étrangers de l'union postale sont quelquefois les mêmes que ceux des départements, le plus souvent un peu plus élevés.

Au-dessus de 10 francs, l'abonné doit le timbre quittance de 10 cent.

1981. L'univers illustré. *Lévy*. Abonnement annuel, semestriel ou trimestriel, à partir des 1er ou 15 de chaque mois ; par an avec prime . . . . 21 »
1982. **Yung.** Revue politique et littéraire. *Baillière*. Abonnement à partir du 1er de chaque trimestre ; par
an 23 50
552. **Charton.** Le tour du monde, illustré. Abonnement
annuel ou semestriel, du 1er janvier ou du 1er
juillet; par an . . . . 24 »
Deux vol. par an, depuis 1860. gr. in-4. chaque vol. 9 40

Paraissant deux fois par mois.

1983. **Carrière.** Revue horticole. *Lib. agricole*. Abonnement
annuel, du 1er janvier ou du 1er juillet. . . . . . 19 »
☞ **Charton.** Le magasin pittoresque, illustré. Abonnement annuel du 1er janvier. . . . . 11 »
Un vol. par an depuis janvier 1833. in-4. Chaque
vol., jusqu'en 1882, isolément. 4 70
La collection prise complète jusqu'en 1882. 47 vol. 175 »
☞ **Jean Macé, Stahl et Verne.** Le magasin d'éducation
et de récréation, illustré. *Hetzel*. Abonnement annuel du 1er janvier ou du 1er juillet. . . . . . . 15 »
Deux volumes par an, depuis 1864. in-4. chaque
volume. 4 90
1984. **Buloz.** Revue des Deux-Mondes. Abonnement annuel, semestriel ou trimestriel, à partir du 1er ou
du 15 de chaque mois ; par an. . . . . 52 »
1985. **Mad. Edmond Adam.** Revue nouvelle. Abonnement annuel, semestriel ou trimestriel, à partir du 1er ou
du 15 de chaque mois ; par an . . . . 50 »

Paraissant tous les mois.

1986. **Flammarion.** L'astronomie populaire. *Gauthier-Villars*
par an . . . . 13 »
3546. Journal des économistes, revue de la science économique et de l'industrie. *Guillaumin*. Abonnement annuel ou semestriel; par an. 34 50

3547. **Ribot**. Revue philosophique. *Baillière*. Abonnement
    annuel du 1er janvier. . . . . 32 »

553. **Buisson**. Revue pédagogique. *Delagrave*. Abonnement
    annuel du 1er janvier . . . . 10 »
    Deux volumes in-8 par an, depuis 1878. Les
    2 volumes 7 20

554. Musée des familles, illustré. *Delagrave*. Abonnement
    annuel, du 1er janvier. 7 65
    Un vol. par an depuis octobre 1833. in-4. Les 45
    premiers volumes, chaque volume. . . . . . 3 »
    Les volumes depuis le 46°. 5 25

3548. **Drapeyron**. Revue de géographie. *Delagrave*. Abon-
    nement annuel. . . . . 27 »

Paraissant tous les deux mois.

3549. **Monod** et **Fagnier**. Revue historique. *Baillière*. Abon-
    nement annuel du 1er janvier. . . . . 32 »

Qb. — Annuaires, almanachs.

555. **Figuier**. L'année scientifique et industrielle, parais-
    sant vers le mois d'avril. *Hachette*. Un volume
    par an depuis 1856. Chaque volume. 2 50

1987. **Maunoir** et **Duveyrier**. L'année géographique. 2e série.
    Hachette. Un vol. par an depuis 1876, chaque vol. 2 50
    La première série de l'Année géographique par
    Vivien-St-Martin., 14 vol. de 1862 à 1875. Chaque
    volume. 2 50

1988. **Daniel**. L'année politique. *Charpentier*. Un volume
    par an depuis 1874. Chaque vol. 2 50

556. Almanach du cultivateur, illustré. *Lib. agricole*. . . » 35

557. Almanach du jardinier, illustré. *Lib. agricole* . . . . » 35

558. Almanach du Magasin pittoresque, illustré. *Mag. pit-
    toresque* . . . . » 35

Pour les commandes, nous renouvelons notre prière : 1° de
dresser la liste que l'on nous envoie en classant les livres par
éditeurs ; 2° de reproduire les nos d'ordre ; 3° de désigner la gare
d'expédition.

SOU DES ÉCOLES LAIQUES

Nous appelons l'attention des amis de l'instruction sur une des œuvres du Cercle parisien, qu'il serait important d'introduire dans toutes les communes; nous voulons parler du *Sou des écoles laïques*, qui a pour objet de venir en aide aux écoles laïques en leur procurant tout d'abord le matériel d'enseignement qui leur manque : cartes géographiques, globe terrestre, tableaux d'histoire naturelle, musées de leçons de choses, etc., les livres de classe, des livres de lecture pour la bibliothèque scolaire, des livres pour distributions de prix, des bons points, les fournitures classiques, etc.

On a le choix entre : 1° la formation immédiate d'une société locale, ce qui est préférable quand on est assuré de ressources suffisantes, ou encore l'annexion du Sou des écoles laïques à l'œuvre de la bibliothèque populaire, et 2° la combinaison imaginée par le Cercle parisien pour faciliter la propagation du Sou des écoles laïques.

Dans la combinaison du Cercle parisien, les recettes s'effectuent surtout au moyen de troncs fournis par le Cercle. Les avances d'argent à faire pour l'achat de troncs auraient été le plus souvent un obstacle : le Cercle a voulu qu'on ne pût jamais être empêché par une question d'argent d'établir le Sou des écoles laïques dans une commune; il prend les troncs à son compte et les envoie franco. Ces troncs, qui sont peints aux trois couleurs nationales, sont munis d'un cadenas en cuivre, à gorge (clef de sûreté), et portent une accroche, qui permet de les suspendre par un clou au mur, quand on ne les dépose pas tout simplement, ce qui vaut mieux, sur le comptoir d'un commerçant.

Le correspondant en titre du Cercle parisien garde les clefs et lève les troncs au moins une fois par an.

Les recettes, qui sont envoyées au Cercle parisien, lequel en donne reçu, servent, jusqu'à concurrence de 2/3, à monter du matériel d'enseignement nécessaire les écoles désignées comme besoigneuses par le correspondant: l'autre tiers est destiné, aux frais de transport du matériel, à couvrir les frais généraux de l'œuvre, et à subvenir aux besoins des écoles laïques des communes rurales peu peuplées.

Il faut en effet ne décourager aucune bonne volonté, et, sur l'ensemble des écoles comprises dans le rayon d'action de notre sou des écoles laïques, tenir compte que, dans les communes de faible population, les effortsresteraient, sans aide du dehors, trop au-dessous des besoins.

Ne perdant pas de vue que cette organisation embryonnaire et provisoire doit avoir pour résultat final la formation d'une société locale, reprenant les troncs à son compte pour adapter le Sou des écoles laïques aux besoins particuliers des localités, le Cercle parisien délègue à ses correspondants le soin de choisir les écoles qu'il s'agit d'assister, de se donner des collaborateurs réunis sous leur direction sous le titre de Comité du Sou des écoles laïques, et de s'entendre avec les instituteurs pour déterminer l'emploi à faire, en matériel d'enseignement, livres de classes et fournitures classiques, de leur part de recettes. En cas de demandes, faites par un instituteur, acceptées par le correspondant, qui nous semblent indiscrètes (le cas s'est vu, dans les localités produisant de fortes recettes, de demandes d'appareils coûteux d'une utilité très contestable), nous nous croyons tenus de soumettre nos objections au correspondant, mais aussi, s'il persiste, de lui laisser le dernier mot.

Autrement dit, le correspondant du Cercle parisien pour le Sou des écoles laïques est chargé de faire, de sa personne, fonctions de société, en attendant que son exemple entraîne d'autres citoyens de bonne volonté à se joindre à lui pour en fonder une. Le Sou des écoles laïques, comme nous le comprenons, était ainsi devenu, avant les tournées de conférences des conférenciers de la Ligue, un des principaux moyens d'action employés par la Ligue de l'enseignement pour propager son œuvre au moyen de la fondation de sociétés locales d'instruction, ce qui a été le but de son fondateur, M. Jean

Macé ; le Sou présente, à ce point de vue, cet avantage que, sans trop de dépense, il suffit que, dans chaque commune, un homme de bonne volonté nous offre son concours gratuit et désintéressé, pour que nous y jetions les bases de la future société d'instruction de la commune.

De même que pour les bibliothèques populaires, matériel, livres et fournitures sont obtenus par le Cercle parisien avec une réduction considérable, due autant à l'importance de ses achats qu'à la généreuse sollicitude de MM. les éditeurs, de telle sorte que les communes retrouvent l'intégralité de leurs versements, et que c'est en réalité la réduction consentie par les éditeurs ou les fabricants qui couvre les frais généraux du Sou des écoles laïques.

Pour faciliter les choix et renseigner sur les prix, nous tenons à la disposition des correspondants un *Catalogue du matériel d'enseignement* le plus nécessaire, des catalogues à prix nets d'albums d'images pour servir de livres de récompenses, de livres de distributions de prix, de fournitures classiques.

Les troncs sont envoyés par le Cercle parisien à ses correspondants munis d'une étiquette spéciale et accompagnés d'une pancarte explicative que l'on place à côté de chaque tronc.

Les envois aux correspondants sont adressés franco.

Un compte est ouvert à chacun d'eux sur notre grand livre du Sou des écoles laïques ; on y mentionne au fur et à mesure les troncs qui lui ont été envoyés, ses versements, les dépenses faites sur sa demande. Tant que les troncs restent la propriété du Cercle parisien, c'est toujours à une personne, qui lui en répond, et non à un groupe que le Cercle confie ses troncs. En cas de départ de la localité ou de démission pour tout autre motif, le correspondant se charge, ou de renvoyer les troncs au Cercle parisien, ou de présenter son successeur, qui est agréé sur sa proposition.

Aucune autorisation administrative n'est nécessaire pour nos correspondants du Sou des écoles. Il conviendra seulement qu'ils préviennent le maire ; qu'ils lui expliquent le but excellent de l'œuvre en lui faisant remarquer les avantages qui en résulteront pour la commune ; qu'ils lui demandent à se placer sous son patronage et lui offrent de faire la levée des troncs en sa présence ou en présence de toute personne déléguée par lui à cet effet.

Le Cercle parisien cède le tronc et son cadenas au prix coûtant : 3 fr. 80, aux sociétés qui organisent le Sou des écoles laïques à leur compte.

Emmanuel Vauchez.

MATÉRIEL A L'USAGE DES BIBLIOTHÈQUES POPULAIRES

Nous avons donné en tête de cette brochure des explications sur le matériel fabriqué par nous pour les bibliothèques populaires. En regard de chaque article, nous renvoyons à la page où l'on trouvera des renseignements plus complets sur son usage.

1° PRIX DES ARTICLES PRIS AUX BUREAUX.

10. *Recommandé au lecteur :*

Étiquettes à coller à l'intérieur des volumes, pour signaler aux lecteurs quelques précautions, faciles à observer, moyennant lesquelles les livres se conserveront en bon état. **30 cent. le cent**. Le Cercle Parisien fait coller ces étiquettes à ses frais, sur les volumes qu'il est chargé de faire relier. Ce n'est donc que pour les bibliothèques qui ont leurs relieurs que nous indiquons ici le prix de cet article.

12. *Cartes de lecture :*

Ces cartes répondent à des besoins divers : elles servent aux lecteurs de signets pour marquer l'endroit où ils s'arrêtent dans leur lecture ; elles leur rappellent la date à laquelle le livre leur a été prêté, et les mettent ainsi en demeure de se conformer à l'article du règlement qui fixe le temps au bout duquel les livres doivent être rendus ; elles peuvent tenir lieu de cartes de sociétaires ; enfin, elles permettent au bibliothécaire de retrouver tout de suite la page de son registre où il a inscrit le prêt et de servir rapidement tout le monde. **30 cent. le cent.** On fournit ces cartes, roses ou bleues, au choix.

14. *Étiquettes gommées,* pour coller au dos des livres :

On y marque le numéro d'ordre des livres, **5 cent. le cent.** Il y a six couleurs : violet, bleu, vert, jaune, rose, blanc. Chaque couleur s'affecte à une série du catalogue, l'une aux romans, l'autre à l'histoire, etc., et sert ainsi à replacer les volumes sur le rayon attribué à leur série.

15. *Catalogue matricule.*

Registre pour l'enregistrement des volumes qu'acquiert la bibliothèque. Ce registe coûte un prix qui varie suivant la qualité du papier et suivant le nombre de pages. Nos modèles reliés d'avance comportent :

En papier ordinaire, inscription de 1,600 volumes, **5 fr. 15 ;** inscription de 2,000 volumes, **5 fr. 75.**

En papier fort : inscription de 2,000 volumes, **6 fr. 25 ;** inscription de 3.000 volumes, **8 francs.**

On peut nous demander d'autres combinaisons, mais nous ne les faisons faire que sur commande.

17. *Inscription des livres prêtés : Système du journal :*

Les livres prêtés s'inscrivent au fur et à mesure des prêts, **50 cent.** le registre de 40 pages (1,440 lignes), cousu, avec couverture de papier bulle fort, imprimée.

18. *Inscription des livres prêtés : Système Bretegnier :*

On ouvre à chaque lecteur un compte, où l'on inscrit tout ce qui le concerne : nom, adresse, prêts et rentrées de livres, versements, etc. Voici les combinaisons de ce système de registre que nous pouvons livrer de suite :

120 comptes de lecteurs, **75 cent. ;** cousu, avec couverture imprimée, en papier fort ;

400 comptes, **1 fr. 25 ;** registre relié ;

600 comptes, **5 fr ;** registre relié ;

800 comptes, **6 fr. 50 ;** registre relié.

En dehors de ces combinaisons, on ne peut fournir que sur commande et après reliure du registre.

21. *Timbre humide :*

Article qui n'est pas indispensable : **7 francs,** en cuivre, avec les accessoires : boîte en fer-blanc, tampon, brosse, une bouteille d'encre grasse. On fait aussi des timbres en caoutchouc, nous n'avons pas pour ces timbres d'arrangement avec un fabricant.

2° EN CAS D'ENVOI PAR LA POSTE :

L'affranchissement, lorsqu'on nous demande d'adresser par la poste, coûte les frais supplémentaires suivants :

10 cent. le cent de *Recommandé au lecteur,* ce qui porte à **40 cent.** le cent de ces étiquettes envoyées par la poste ;

10 cent. le cent de *Cartes de lecture*, soit par la poste **40 cent.** le cent;

5 cent. les *Étiquettes gommées*, jusqu'à concurrence de 800 étiquettes, 10 cent. pour les nombres supérieurs à 800 jusqu'à 1,600, etc. ;

15 cent. le *Journal pour l'inscription des prêts*, ce qui porte à **65 cent.** le prix de ce registre envoyé par la poste ;

20 cent. le *Registre d'inscription des prêts, système Bretegnier*, de 120 comptes ; ce qui porte à **95 cent.** le prix de ce registre envoyé par la poste ;

60 cent. le *Timbre humide*, soit **7 fr. 60**, en cas d'envoi par la poste.

Les autres articles atteignent un poids qui ne rendrait pas avantageux de les adresser par la voie de la poste. Il faudrait les expédier par colis postal. Les bibliothécaires éviteront cette dépense à la bibliothèque, en prenant la précaution de demander leurs registres, au besoin quelque temps d'avance, à l'occasion des commandes de livres.

IMPRIMERIE CENTRALE DES CHEMINS DE FER — IMPRIMERIE CHAIX.
RUE BERGÈRE, 20, PARIS. — 24614-3.

AUTORISATIONS ADMINISTRATIVES

Les bibliothèques populaires formées par association, lorsqu'elles ne limitent pas à 20 personnes au plus le nombre des adhérents ou des lecteurs, sont tenues, aux termes de la loi en vigueur sur les associations, de se faire autoriser par le préfet du département. L'autorisation est donnée sur le vu de statuts portant les signatures des membres du comité provisoire d'organisation. Un modèle de statuts est envoyé aux personnes qui en font la demande.

On sait qu'il est question de modifier l'article 291 du Code pénal, qui rend nécessaire cette autorisation, et que des propositions sont déposées au Sénat et à la Chambre pour que les associations puissent à l'avenir se former moyennant une simple déclaration et sous condition de publicité de leurs statuts.

Pour les bibliothèques communales, il suffit que le conseil municipal prenne une délibération portant qu'une bibliothèque communale sera établie par les soins du maire dans la commune de   . L'approbation donnée par le préfet à cette délibération, emporte, sans autres formalités, l'autorisation de la bibliothèque.

SOCIÉTÉ RÉPUBLICAINE D'INSTRUCTION

MODÈLE DE STATUTS

Il est formé entre toutes les personnes qui adhèrent aux présents statuts, une société sous le titre de *Société républicaine d'instruction de*

Cete société fait appel au concours de tous les républicains pour travailler, par tous les moyens légaux au développement de l'instruction.

Elle a son siège à   Sa durée est illimitée.

Les dames sont admises à en faire partie.

ARTICLE 1er. — La société a pour but dès à présent :

1º D'établir une bibliothèque populaire dans la commune;

2º D'aider à l'établissement de librairies de campagne, dans la commune et les communes voisines;

3º D'organiser des lectures à haute voix; des entretiens familiers à domicile; des conférences en réunions publiques;

4º D'appeler l'attention des municipalités sur toutes les mesures qu'elles pourraient prendre dans l'intérêt de leurs écoles;

5º D'installer partout où faire se pourra des troncs du *Sou des Écoles*, et d'organiser des fêtes d'enfants;

6° De travailler à l'éducation militaire de la jeunesse en provoquant l'organisation de peletons d'exercices, pour les jeunes gens de 13 à 20 ans, et coopérant de tout son pouvoir à leur bon fonctionnement;

7° De provoquer dans les communes voisines la création de sociétés se donnant le même but qu'elle.

Art. 2. — La cotisation annuelle est fixée à

Tout ce qui excédera cette somme sera inscrit à titre de don.

Art. 3. — La société est administrée par un comité de membres, dont un trésorier et un secrétaire, nommés en assemblée générale, et renouvelable par tiers chaque année.

Les membres sortants sont rééligibles.

Art. 4. — Le comité nomme son bureau et fait son règlement. Il convoque la société quand il le juge utile.

Il rend compte de son administration et de sa gestion financière à l'assemblée générale annuelle qui sera annoncée, quinze jours à l'avance, par les journaux républicains de l'arrondissement. On s'abstiendra de toute controverse politique et religieuse dans les assemblées générales de la société.

Art. 5. — Nulle modification ne pourra être introduite dans les présents statuts qu'après avoir été proposée, en temps utile, au comité qui sera tenu d'en faire mention dans les annonces fixant la date de l'Assemblée générale annuelle.

Nous envoyons à toute personne qui en fait la demande, ce modèle de statuts, imprimé à part, avec deux pages pour recevoir les nom, prénoms, domicile, cotisation, dons des personnes qui s'inscrivent, pour faire partie d'une Société républicaine d'instruction.

Les fondateurs de ces sociétés ont ainsi, sans frais, un imprimé qui leur permet de recueillir les adhésions.

Modèle de la lettre à adresser au Maire de la Commune, pour demander l'autorisation nécessaire à l'existence légale de la Société (1).

MONSIEUR LE MAIRE,

Nous avons l'honneur de vous adresser les statuts d'une société que nous avons fondée sous le titre de Société républicaine d'instruction de.....

Nous vous prions de vouloir bien nous obtenir l'autorisation nécessaire pour l'existence et le fonctionnement légal de cette société.

Daignez recevoir, Monsieur le Maire, l'expression de nos sentiments respectueux.

(Suivent les Signatures.)

(1) Cette demande est transmise par le maire au sous-préfet et adressée par celui-ci au préfet qui délivre l'autorisation sous forme d'arrêté.

IMPRIMERIE CENTRALE DES CHEMINS DE FER. — IMPRIMERIE CHAIX.
RUE BERGÈRE, 20, PARIS — 24616-3.

www.ingramcontent.com/pod-product-compliance
Ingram Content Group UK Ltd.
Pitfield, Milton Keynes, MK11 3LW, UK
UKHW021221140726
13695UKWH00002B/670